U0160706

2020
水文发展年度报告

2020 Annual Report of Hydrological Development

水利部水文司　编著

中国水利水电出版社
www.waterpub.com.cn

·北京·

内 容 提 要

本书通过系统整理和记述 2020 年全国水文改革发展的成就和经验，全面阐述了水文综合管理、规划与建设、水文站网、水文监测、水情气象服务、水资源监测与评价、水质监测与评价、科技教育等方面的情况和进程，通过大量的数据和有代表性的实例客观地反映了水文工作在经济社会发展中的作用。

本书具有权威性、专业性和实用性，可供从事水文行业管理和业务技术人员使用，也可供水文水资源相关专业的师生或从事相关领域的业务管理人员阅读参考。

图书在版编目（ＣＩＰ）数据

2020 水文发展年度报告 / 水利部水文司编著． -- 北京 : 中国水利水电出版社，2021.8
ISBN 978-7-5170-9905-5

Ⅰ．①2… Ⅱ．①水… Ⅲ．①水文工作－研究报告－中国－2020 Ⅳ．①P337.2

中国版本图书馆 CIP 数据核字 (2021) 第 178265 号

书　　名	**2020 水文发展年度报告** 2020 SHUIWEN FAZHAN NIANDU BAOGAO
作　　者	水利部水文司 编著
出版发行	中国水利水电出版社 (北京市海淀区玉渊潭南路 1 号 D 座　100038) 网址：www.waterpub.com.cn E-mail: sales@waterpub.com.cn 电话：(010) 68367658 (营销中心)
经　　售	北京科水图书销售中心 (零售) 电话：(010) 88383994、63202643、68545874 全国各地新华书店和相关出版物销售网点
排　　版	山东水文印务有限公司
印　　刷	山东水文印务有限公司
规　　格	210mm×297mm　16 开本　8 印张　105 千字　1 插页
版　　次	2021 年 8 月第 1 版　2021 年 8 月第 1 次印刷
印　　数	0001—1000 册
定　　价	**80.00 元**

主要编写人员

主　编　林祚顶

副 主 编　李兴学　章树安

主要编写人员（按单位顺序）

刘　晋	吴梦莹	李俊江	李　静	熊珊珊	陆鹏程
潘曼曼	白　葳	刘力源	宫博亚	李　硕	沈红霞
刘庆涛	宋　凡	王　伟	王　登	张晨晨	冯　峰
王　梓	张　玮	赵　瑾	徐　嘉	吴春熠	王光磊
张明月	温子希	王雲子	赵丽红	孙玉芳	齐文静
王一萍	张　妹	司井丹	陈　蕾	张玉洁	周瑜粼
金俏俏	徐润泽	张德龙	胡　彧	王　珺	鲁素芬
宾予莲	程艳阳	董　超	温子杰	韦晓涛	陈　尧
龚文丽	张彦成	马　华	庞　楠	次仁玉珍	张　刚
李少锋	黎　军	伍云华	钟　杨	崔东阳	许　丹

统　稿　李俊江

协办单位

水利部水文水资源监测预报中心

长江水利委员会	江西省水利厅
黄河水利委员会	山东省水利厅
淮河水利委员会	河南省水利厅
海河水利委员会	湖北省水利厅
珠江水利委员会	湖南省水利厅
松辽水利委员会	广东省水利厅
太湖流域管理局	广西壮族自治区水利厅
北京市水务局	海南省水务厅
天津市水务局	重庆市水利局
河北省水利厅	四川省水利厅
山西省水利厅	贵州省水利厅
内蒙古自治区水利厅	云南省水利厅
辽宁省水利厅	西藏自治区水利厅
吉林省水利厅	陕西省水利厅
黑龙江省水利厅	甘肃省水利厅
上海市水务局	青海省水利厅
江苏省水利厅	宁夏回族自治区水利厅
浙江省水利厅	新疆维吾尔自治区水利厅
安徽省水利厅	新疆生产建设兵团水利局
福建省水利厅	山东水文印务有限公司

前　言

　　水文事业是国民经济和社会发展的基础性公益事业，水文事业的发展历程与经济社会的发展息息相关。《水文发展年度报告》作为全国水文事业发展状况的行业蓝皮书，力求从宏观管理角度，系统阐述年度全国水文事业发展的状况，记述全国水文改革发展的成就和经验，全面、客观反映水文工作在经济社会发展中发挥的重要作用，为开展水文行业管理、制定水文发展战略、指导水文现代化建设等提供参考。报告内容取材于全国水文系统提供的各项工作总结和相关统计资料以及本年度全国水文管理与服务中的重要事件。

　　《2020 水文发展年度报告》由综述、综合管理篇、规划与建设篇、水文站网管理篇、水文监测管理篇、水情气象服务篇、水资源监测与评价篇、水质监测与评价篇、科技教育篇等九个方面，以及"2020 年度全国水文行业十件大事""2020 年度全国水文发展统计表"，供有关单位和读者参阅。

水利部水文司

2021 年 5 月

目　　录

前言

第一部分　综述

第二部分　综合管理篇

一、部署年度水文工作·························3

二、政策法规体系建设·······················4

三、机构改革与体制机制······················12

四、水文经费投入··························22

五、国际交流与合作·························24

六、水文行业宣传··························25

七、精神文明建设··························34

第三部分　规划与建设篇

一、规划和前期工作·························39

二、中央投资计划管理·······················42

三、项目建设管理··························43

第四部分　水文站网管理篇

一、水文站网发展··························48

二、站网管理工作··························50

第五部分　水文监测管理篇

一、水文测报工作··························58

二、水文应急监测··························62

三、水文监测管理··························65

四、水文资料管理··························66

第六部分　水情气象服务篇

一、水情测报服务工作 ················· 69

二、水情业务技术工作 ················· 75

第七部分　水资源监测与评价篇

一、水资源监测与信息服务 ············· 78

二、地下水监测工作 ················· 85

三、旱情监测基础工作 ················· 91

第八部分　水质监测与评价篇

一、水质监测基础工作 ················· 93

二、水质监测管理工作 ················· 101

三、水质监测评价成果 ················· 103

第九部分　科技教育篇

一、水文科技发展 ················· 106

二、水文标准化建设 ················· 110

三、水文人才队伍建设 ················· 110

附录　2020 年度全国水文行业十件大事

附表　2020 年度全国水文发展统计表

第一部分

综　述

　　2020 年是"十三五"收官之年，是党和国家历史进程中具有重大意义的一年。"十三五"期间，党中央国务院十分重视水文工作，习近平总书记 2018 年 4 月 25 日考察被誉为洞庭湖及长江流域水情"晴雨表"的城陵矶水文站，2020 年 11 月 13 日视察南水北调工程江都水利枢纽并了解水质监测情况。李克强总理在 2019 年《政府工作报告》中提出"做好地震、气象、水文、地质、测绘等工作"的要求。胡春华副总理 2018 年先后考察长江沙市水文站、黄河花园口水文站，2019 年 8 月 17 日考察青海省玉树地区新寨水文站，看望慰问基层水文职工。

　　2020 年，全国水文系统深入贯彻党中央国务院决策部署和水利工作要求，面对新冠肺炎疫情与江河罕见汛情，攻坚克难、真抓实干，为水利改革和经济社会发展提供支撑保障。

　　一是水文测报工作成绩突出。2020 年，我国发生了 1998 年以来最严重的汛情，长江、太湖发生流域性大洪水，淮河、松花江发生流域性较大洪水，大江大河共发生 21 次编号洪水。各级水文部门超前部署、主动应对，聚焦监测预报预警，圆满完成水文测报各项工作。全年采集雨水情信息 22.9 亿条，汛期抢测洪水 1.3 万余场次，发布洪水作业预报超过 48.2 万站次，发送水情预警短信 8463 万条，开展长江上游水库群联合调度预报，提出调度建议 321 次，提前 10 小时准确发布綦江"6·22"特大洪水预警，有力支撑了水旱灾害防御决策。完成年度国际河流水文报汛任务，并于 11 月起向湄公河国家及湄公河委员会提供澜沧江全年水文信息，为维护国家利益和促进睦邻友好做出了积极贡献。

　　二是水文基础设施更加完善。水利部编制完成《水文现代化建设规划》和《全国水文基础设施建设"十四五"规划》，落实中央年度投资计划 8.4 亿元，完成一批水文测站和监测中心提档升级。印发《水文测报新技术装备推广目录》，更新配置各类先进仪器设备 1345 台（套），水文测报自动化水平明显提高，国产化应用取得积极进展。

三是水文服务能力持续提升。水利部印发《省界断面水资源水量监测技术指南》，各地积极开展省界和重要控制断面水文监测与分析评价，为"合理分水、管住用水"等提供可靠成果。国家地下水监测工程通过竣工验收并发挥效益。各地认真开展华北地区 22 条河湖补水监测、华北地区地下水超采现状和评价、西辽河流域等重点地区水文水资源监测分析，有力支撑了地下水超采区综合治理。地表水国家重点水质站监测工作深入推进，全国地下水水质状况监测评价全面开展，全国 53 条（个）河湖实施水生态水环境监测试点，珠江委、太湖局、北京、江苏、江西等流域管理机构和省（直辖市）水文部门积极拓展底栖生物、浮游生物及鱼类等水生生物监测，开展水生态状况评估，为维护河湖生态健康提供科学依据。

四是水文行业管理不断加强。水利部令第 51 号《水文监测资料汇交管理办法》颁布实施，《西藏自治区水文管理办法》《浙江省水文管理条例》《青海省人民政府关于修改和废止部分省政府规章的决定》修订并颁布施行。四川、湖北省级水文机构明确为副厅级单位建制，长江水利委员会（简称长江委）成立长江流域水质监测中心，湖南省水质监测中心加挂农村饮水安全水质监测中心牌子。水利部印发《水文监测监督检查办法（试行）》，组织开展国家基本水文站监督检查。各地高度重视人才队伍建设，结合业务拓展和新技术应用大力实施水文人才工程，举办各类业务培训和技能竞赛，培养选拔优秀技能人才。

五是水文文化建设成效显著。七家水文单位被评为"全国文明单位"，长江委罗兴获"全国先进工作者"荣誉称号。全年省级以上电视台报道水文工作 181 次，其他媒体 2673 次，央视《新闻联播》和《新闻直播间》栏目深度报道重庆水文在抗击綦江"6·22"洪水中发挥的重要作用等典型事例，社会关注度和正面宣传效果超出预期。

第二部分

综合管理篇

2020年，全国水文系统深入贯彻"节水优先、空间均衡、系统治理、两手发力"的治水思路，落实全国水利工作会议精神和全国水文工作会议部署，持续推进水文体制机制改革、水文能力建设、国际交流合作、水文行业宣传等各项工作，凝心聚力、开拓创新，加快水文现代化建设，水文行业管理水平持续提升。

一、部署年度水文工作

3月2日，水利部在北京召开2020年全国水文工作视频会议。国家防总秘书长、水利部副部长叶建春出席会议并讲话，水利部机关有关司局、在京直属有关单位负责人在主会场参加会议，各流域管理机构、各省（自治区、直辖市）水利（水务）厅（局）和新疆生产建设兵团水利局的分管水文工作负责同志以及水文部门主要负责同志在分会场参加会议。叶建春副部长充分肯定了2019年水文工作在水文测报、水文服务、能力建设、水文改革、精神文明建设等方面取得的成果，强调要深刻认识水文工作在全面加快治水思路转变、深入实施国家区域发展战略、防范重大风险等三个方面面临的新形势新要求，要把握"建设造福人民的幸福河"这个总体目标，坚持和深化水利改革发展总基调，从水文站网布局调整、水资源监测体系建设等方面抓好水文支撑。要求全国水文系统重点从全面加快水文现代化建设步伐、全力做好强监管的服务支撑、做好防汛抗旱水文测报工作、统筹疫情防控和当前水文工作、着力在改革中加强水文行业管理、加快提升水文基础保障能力、加强党的建设等七个方面做好2020年工作。

全国水文系统认真学习贯彻落实水文工作会议精神，各地对照会议明确的目标、任务和重点工作，结合实际研究制定工作方案和具体措施，认真完成年度各项工作任务，为新发展阶段水利改革和经济社会发展提供有力支撑。

福建省3月20日召开全省水文工作会议，提出了抓实规划、补好短板、推进改革、强化监管、开展研究、夯实基础等六方面的要求。山东省4月15日在济南市召开全省水文工作会议，强调将水文工作重点放在服务水利改革发展上，进一步强化水文支撑作用，推动传统水文向社会水文转变，进一步提高水文的影响力、话语权，切实做到"四个必须"：必须坚持改革创新，必须提高忧患意识，必须发扬实干作风，必须加强队伍建设，加快推进水文高质量发展。湖北省4月8日召开全省水文工作会议，提出加快推动水文高质量发展思路，明确水文工作的主要目标是：在思想认识上加快转变观念、在支撑监管上不断提升能力、在服务功能上提高保障水平、在灾害防御上提供可靠支撑。湖南省4月8日召开全省水文工作会议，强调要准确把握水文改革发展面临的形势和要求，加快水文现代化建设，增强事业推动力；全力以赴抓防汛，提升技术服务支撑力；加强人才队伍建设，提升水文战斗力；全面加强党的建设，增强政治引领力。云南省3月30日召开全省水文工作会议，要求发扬成绩、真抓实干，工作上再上一层楼，为决战决胜脱贫攻坚发挥水文的支撑作用。广东省3月23日在广州市召开全省水文工作会议，贯彻落实水利部和省委省政府关于水文工作的部署要求，强调要突出抓好七个方面的工作，推动传统水文向"民生水文、智慧水文、活力水文"转变。

二、政策法规体系建设

1.优化政务服务，规范行政审批

按照国务院关于全国一体化在线政务服务平台和国家"互联网＋监管"系统建设要求和统一部署，水利部加快推进在线政务服务平台建设，开展政务服务数据目录梳理工作，核定确认有关中央层面设定的行政审批事项清单，进一步修订完善各项审批事项服务指南、审查工作细则等制度，明确技术报告修改时限包含在技术审查时限内。根据《水利部办公厅关于印发水利部政务服务事项服务指南和工作细则的通知》（办政法〔2019〕135号），水利部水文司制定《水文行政审批事项工作流程管理办法（试行）》内部制度，从受理、审批、制作、发放审批文件等环节规范完善水文行政审批流程，做好有关水文行政审批事项管理。

山西省水文部门自2020年起开展水文政务服务工作，当前有三项水文行政审批事项：国家基本水文测站设立和调整审批、国家基本水文测站上下游建设影响水文监测工程的审批、专用水文测站的审批。上海市水文部门按照上海市审改办和上海市水务局要求，推进落实"一网通办"，增设"国家基本水文测站上下游建设影响水文监测工程的审批"，完善专用水文测站的审批事项，修改完善相关行政审批事项办事指南。

浙江省将水文资料查阅服务纳入水利厅"最多跑一次"公共服务事项。山东省实施"基本水文监测资料和水文年鉴查询、抄录服务"公共服务事项，规范建设服务窗口，进一步提升窗口服务环境和质量。湖南省"水文资料查询服务"于5月6日正式上线运行并进驻省政府政务服务大厅，开展线上、线下双线模式受理业务。

2020年，水利部受理并完成4项国家基本水文测站审批，各流域管理机构完成47项国家基本水文测站上下游建设影响水文监测工程的审批和1项专用水文测站的审批。各地进一步推进水文行政审批工作，加强水文测站报批报备管理。内蒙古、江苏、浙江、安徽、山东、湖南、广东、广西、四川、云南、西藏、新疆等省（自治区）完成35项国家基本水文测站的设立和调整审批并报水利部备案管理；山西、辽宁、浙江、安徽、河南、湖南、重庆、西藏等省（自治区、直辖市）完成22项国家基本水文测站上下游建设影响水文监测工程的审批；辽宁、上海、广西、四川等省（自治区、直辖市）完成 4 项专用水文测站的审批，进一步规范测站管理，促进了水文站网的稳定发展。

2. 加强水行政执法力度，维护水文合法权益

持续推进《中华人民共和国水文条例》的贯彻落实，积极开展水文法制宣传，加强水行政执法力度，依法维护水文合法权益，保护水文监测环境和水文设施。2020 年，黄河水利委员会（简称黄委）、淮河水利委员会（简称淮委）、珠江水利委员会（简称珠江委）、松辽水利委员会（简称松辽委）、太湖流域管理局（简称太湖局）等流域管理机构和北京、天津、安徽、江西、河南、湖北、广西、云南、陕西等省（自治区、直辖市）水文部门受各水行政主管部门委托，开展水文监测环境和设施保护执法、河湖执法、非法采砂暗访执法、清四乱专项行动、扫黑除恶专项行动等水行政执法工作，全年共参与和开展执法巡查、专项调查、暗访等执法行动 14569 次、出动人员 59136 人次，发现水事违法违规行为 116 起，有力保障了水文监测工作的正常开展。

黄委水文局制定并印发《水文局普法责任清单》《水文局 2020 年法治宣传教育工作计划》，在世界水日、中国水周、全民国家安全教育日和宪法宣传周等重要节点大力开展普法宣传活动，结合"防控疫情 法治同行"专项法治宣传要求，组织疫情防控志愿者开展"送法进社区"宣传活动。一年来，黄委水文水政监察总队组织 24 支巡查队伍共计 100 余人，行程 3 万余 km，开展汛期汛后定期河道巡查 130 多次（图 2-1），发现采砂、倾倒垃圾、种植高秆作物、桥梁建设等水事违法行为 50 多起，现场制止违法行为 9 起，组织查处 13 个水事违法案件。强力推进陈年积案"清零"复核工作，对已完成整改的 8 起陈年积案进行了重点督查和复核。11 月 11 日，山东省济南市天桥区人民法院在黄河巡回法庭首次公开开庭，审理原告泺口水文站与被告、济南某建筑工程有限公司、中国人民财产保险股份有限公司所属公司黄河水文监测船缆道损害赔偿纠纷一案，济南市天桥区人民法院院长亲自担任审判长。该案公开开庭后，引起了社会关注，相关报道网络点击阅读量达7200万人次。最终，法院判决被告赔偿泺口水文站过河缆道修复建设费、维修保养费、燃油费等共计52.98万元，有效维护了黄河水文权益。

图2-1　5月10日黄委水文水政监察总队河道巡查（潼关水文站）

淮委水政监察总队水文监察支队结合淮河流域省界断面水资源监测站网的运行管理，定期对测站保护范围内影响水文测验的相关活动进行监督检查，依法保障水文监测正常开展，全年共开展巡查15次，出动人员35人次、车辆15次，巡查监管对象19个。为应对疫情影响，上半年水文监察支队开创性地借助淮河流域省界断面水资源监测站网视频监控系统开展远程巡查。淮委水文局还创新普法宣传形式，组织职工参加《中华人民共和国民法典》等普法知识竞赛，开展法制宣传教育，增强法制宣传的生动性、互动性和实效性，提升了法制宣传效果。

松辽委水文局持续开展水行政执法，维护水文合法权益。4月18日，东林取水口下水文站的水准点在拉林河治理工程施工过程中遭到破坏，松辽委水文局嫩江水文水资源中心接到通知后，立即组织水政监察支队赶赴现场。经协商，由建设单位完成水准点重建和引测工作，该工作于10月14日完成。黑龙江上游水政监察支队对黑龙江干流上游及额尔古纳河沿线水文测站开展执法巡查，对所有水文设施进行了全面系统的核查记录，依法保护水文设施。黑龙江中游水文监察支队对管理范围内水文基础设施开展不定期巡查，2020年度共开展4

次巡查，形成水行政执法检查记录表，维护了水文测报工作的稳定有序开展。

太湖局水文局围绕太湖、望虞河、太浦河及主要入湖河道、省界河湖的116处水文测验站点（断面）开展执法巡查，全年开展巡查检查62次，出动执法人员138次，巡查行程5800余km，全力维护流域重要河湖水事秩序。全年跟踪督办陈年积案20起，及时发现水事违法行为11起，并通报、督促地方水行政主管部门依法进行查处，截至2020年年底已依法处置的违法行为有5起，正在依法处置的违法行为有6起，有效实现了违法行为消存量、遏增量。太湖局水文局还全面参与了流域水文测报监督检查、防汛督察、河湖管理检查、水资源管理和节约用水监督、堤防工程险工险段安全运行以及农村饮用水安全等相关监督检查及暗访工作，累计参加监督检查及暗访22组次，76人次，编制相关报告99份。

天津市对辖区内水文设施开展专项执法检查，逐项登记《水文设施巡查登记表》，描绘设施分布图及运行情况，发现隐患问题及时予以解决。全年累计向天津市行政执法监督平台、水行政执法统计信息系统报送水文设施执法检查信息67份。

安徽省加强水文监测环境保护，全年水行政执法河道巡查长度135691km，巡查湖库水域面积495km²，巡查监管对象439个，出动执法人员23723人次，出动执法车辆4271车次，出动执法船只567航次。在巡查过程中采取巡查与水法宣传相结合的方式，把破坏水文测报设施设备及其保护范围作为重点巡查对象，切实增强沿河群众的法治意识，提高遵守水法律法规的自觉性。

江西省组织各设区市及鄱阳湖水文部门加大巡查力度，开展专项检查、定期巡查、不定期抽查。对于违法行为事件，依法分类协商处理，并定期组织回头看。全年共开展巡查255次，出动人员512人次，巡查站点640个，发现问题10起，当场整改9起，其中向地方水行政主管部门报告1起。对萍乡市水文测报中心、上饶市贵溪国家地下水监测站的防汛设施遭受破坏事件进行维权，依据《江西省水文管理办法》相关规定，督促当地有关部门赔偿并进行了还原。

河南省多次召开专题会议研究部署水政监察各项工作，组织全省水文系统114人参加省水利厅组织的行政执法证件换发培训考试，并全部通过取得新的执法证件。认真落实《县级水文局（测报中心）水政监察与执法巡查制度》，严格按照巡查计划对执法的重点定期开展巡查，不断推进队伍规范化建设。全年共出动暗访人员7800余人次，行程101500余km，发现解决问题13起。7月在郑万高铁宝丰站建设施工过程中，成功处置了施工方破坏平顶山国豫平宝丰2号地下水监测站的违法行为，达成9.5万元赔偿的协议。全年共完成服务型行政执法案卷立卷18卷，组织集中修改完善了优秀服务型执法案卷讲解视频和幻灯片等相关资料，经省水利厅审核后报省法制政府建设领导小组办公室。

湖北省通过三年扫黑除恶专项斗争，及时发现制止各类水事违法行为98起；长江河道采砂管理荆州基地和黄冈基地采取巡查和联合执法打击非法采砂，共查处非法采砂案件42起，抓获非法采砂船119艘，有力维护了长江河道采砂的正常秩序。

广西壮族自治区结合实际，进一步明确了水文站网分级管理的主要职责，自治区各直属水文单位、各县域水文中心、水文测站加强与各级水利部门沟通联系，按月巡查水文监测环境和设施设备，发现问题及时报告地方水利部门，并配合做好处理工作，确保了水文监测工作的正常开展。全年巡查河湖出动15639人次，巡河长度约12785km，发现问题270个，巡查率100%。

陕西省大力加强执法巡查排查，全年共组织全省水文系统水政执法人员480人次，出动车辆242车次，巡查河道2632km，巡查监管对象168个，现场制止违法行为16起，有力保障了水文工作的正常开展。对发现的陕西省交通建设集团公司西安市南环线工程建设影响秦渡镇水文站正常测报，安康市安岚高速公路建设破坏六口水文站测报环境的事件进行制止，目前两项工程建设方已分别与西安、安康市水文分中心达成共识，就补偿赔偿问题签订了协议，得到圆满解决，有效维护了水文测站合法权益。

宁夏回族自治区制定年度扫黑除恶要点、工程建设领域扫黑除恶专项整治方案，强化日常巡查，各水文分局每月对 100 余处涉水断面，150 余 km 河流进行排查，发现并制止了 1 起破坏水文断面事件，保障了水文测验安全和监测工作正常开展。

3. 加快法规制度建设，提高法制化水平

持续推进水文法规及制度建设。为加强和规范水文监测资料汇交工作，促进资料利用，充分发挥水文服务国民经济和社会发展的作用，水利部于 10 月 22 日颁布《水文监测资料汇交管理办法》（水利部令第 51 号），自 2020 年 12 月 1 日起施行，对水文监测资料实行统一汇交制度，进一步拓宽水文监测资料收集范围、促进资料共享利用、规范水文监测资料管理。11 月，为加强水文监测监督管理，按照水利监督制度"2+N"总体框架体系，水利部发布《关于印发水文监测监督检查办法（试行）的通知》（水文〔2020〕222 号），明确了水文监测的监督检查、问题认定、问题整改和责任追究等方面内容。

2020 年，各地水文立法进程取得新进展。8 月 13 日，《西藏自治区水文管理办法（修订）》经十一届西藏自治区人民政府第五十三次常务会议审议通过，以自治区人民政府第 157 号主席令颁布，自 2020 年 10 月 1 日起施行。11 月 27 日，《浙江省水文管理条例（修订）》经浙江省第十三届人民代表大会常务委员会第二十五次会议审议通过，并于公布之日起施行。6 月 12 日，青海省政府令第 125 号公布《青海省人民政府关于修改和废止部分省政府规章的决定》，对《青海省实施〈中华人民共和国水文条例〉办法》进行了修正。内蒙古自治区水文部门起草《内蒙古自治区水文管理办法（送审稿）》，综合各方面反馈意见认真审查、协调和修改，形成《内蒙古自治区水文管理办法（草案）》，已完成《内蒙古自治区水文管理办法》列入政府常务会前的各项准备工作。9 月，四川省水文部门向省司法厅递交了《2021 年四川省地方性法规规

章项目立项申报书（四川省水文条例）》，申请将四川省水文立法工作纳入四川省人大立法计划，并在 12 月完成了《〈四川省水文条例〉立法前评估报告》。山东省淄博市人民政府出台《关于进一步加强水文工作的意见》，截至 2020 年年底，山东省有 26 个县级行政区人民政府出台《水文管理办法》或《进一步加强水文工作的意见》，2 个乡镇出台《进一步加强水文工作的意见》。江苏省连云港市政府办公室印发《关于进一步加强水文工作的意见》，截至 2020 年年底，江苏省有 10 个设区市印发了《水文管理办法》或《进一步加强水文工作的意见》。陕西省结合《陕西省水文条例》修订工作，对《陕西省水文设施与监测环境保护办法》《陕西省水文水资源勘测局水行政执法办法》进行了修正，确保水文法规和规章的有序衔接，更具可操作性。福建省 11 月编制印发《福建省财政厅　福建省水利厅关于印发水文类专用资产配置标准的通知》（闽财资〔2020〕5 号），建立健全福建省水文类专用资产配置的标准体系，推进专用资产管理与预算管理科学化、精细化，为水文行业资产管理提供了具体依据。

截至 2020 年年底，全国有 26 个省（自治区、直辖市）制（修）订出台了水文相关政策文件（表 2-1）。

表2-1　地方水文政策法规建设情况表

省（自治区、直辖市）	行政法规		政府规章	
	名　　称	出台时间/（年-月）	名　　称	出台时间/（年-月）
河北	《河北省水文管理条例》	2002-11		
辽宁	《辽宁省水文条例》	2011-07		
吉林	《吉林省水文条例》	2015-07		
黑龙江			《黑龙江省水文管理办法》	2011-08
上海			《上海市水文管理办法》	2012-05
江苏	《江苏省水文条例》	2009-01		
浙江	《浙江省水文管理条例》	2020-11		
安徽	《安徽省水文条例》	2010-08		

续表

省（自治区、直辖市）	行政法规		政府规章	
	名 称	出台时间/（年-月）	名 称	出台时间/（年-月）
福建			《福建省水文管理办法》	2014-06
江西			《江西省水文管理办法》	2014-01
山东			《山东省水文管理办法》	2015-07
河南	《河南省水文条例》	2005-05		
湖北			《湖北省水文管理办法》	2010-05
湖南	《湖南省水文条例》	2006-09		
广东	《广东省水文条例》	2012-11		
广西	《广西壮族自治区水文条例》	2007-11		
重庆	《重庆市水文条例》	2009-09		
四川			《四川省〈中华人民共和国水文条例〉实施办法》	2010-01
贵州			《贵州省水文管理办法》	2009-10
云南	《云南省水文条例》	2010-03		
西藏			《西藏自治区水文管理办法》	2020-08
陕西	《陕西省水文条例》（2019年修订）	2019-01		
甘肃			《甘肃省水文管理办法》	2012-11
青海			《青海省实施〈中华人民共和国水文条例〉办法》	2020-06
宁夏			《宁夏回族自治区实施〈中华人民共和国水文条例〉办法》	2010-09
新疆			《新疆维吾尔自治区水文管理办法》	2017-07

三、机构改革与体制机制

1. 水文机构改革

水文机构改革不断深入。各地水行政主管部门坚持问题导向，深化水文体制机制改革，健全完善市县水文机构，使水文工作更多更深地融入地方经济社会发展。全国31个省份中，天津、河北、山西、内蒙古、辽宁、黑龙江、上海、浙江、安徽、福建、江西、山东、河南、湖北、湖南、广东、广西、重庆、四川、贵州、云南、陕西、青海和宁夏等24个省（自治区、直辖市）基本完成水文机构改革，其他 7 个省（自治区、直辖市）提出了水文机构改革方案。总体来看，有如下特点。

在机构名称上，河北、内蒙古、黑龙江、浙江、福建、江西、湖北、湖南、广西、陕西、宁夏等 11 个省（自治区）"水文局"改名为"中心"，重庆、山西 2 个省（直辖市）"水文局"改名为"总站"。其他省（自治区、直辖市）机构名称保持不变。

在机构规格上，共有 16 个省级水文机构为正、副厅级单位或配备副厅级领导干部，其中，辽宁省水文部门为正厅级，内蒙古、吉林、黑龙江、浙江、安徽、江西、山东、湖北、湖南、广东、广西、四川、贵州、新疆等 14 个省（自治区）水文部门为副厅级，云南省水文部门配备副厅级干部。地市级水文机构规格基本保持稳定，全国有 24 个省（自治区、直辖市）地市级水文机构为正处级或副处级单位。

在行政管理上，贵州省和四川省 2 个省水利厅单独设立水文处，北京、山西、辽宁、吉林、福建、山东、河南、湖北、重庆、西藏、陕西和青海等 12 个省（自治区、直辖市）水利（水务）厅（局）将水文与水旱灾害防御或水资源管理职能合并设立有关水文职能处，安徽和上海 2 个省（直辖市）的水文工作由水利厅党组直接领导，其他 15 个省（自治区、直辖市）在水利厅（局）明确了归口管理水文工作的职能处。

长江委以长人事〔2020〕319 号批复，组建"长江流域水质监测中心"，并于 12 月 31 日在武汉市召开了长江流域水质监测中心成立座谈会，长江流域水质监测中心正式投入运行，为长江委依法履行水资源管理职责、开展流域水质监测工作补齐短板，进一步补充完善流域综合监测站网，强化水质监测职能；以长人事〔2020〕492 号批复，组建"长江口风暴潮监测预警中心"，进一步补齐长江防洪减灾体系的短板，提升监测预警能力，为长江口地区水安全保障提供有力支撑。黄委于 10 月 10 日印发了《黄委关于同意组建黄河流域水质监测中心的批复》（黄人事〔2020〕252 号），下一步将抓紧筹建机构、配备人员，切实做好流域水质监测有关工作。四川省深化水文改革，突出服务水利和地方经济发展两个支撑作用，将省级水文机构升格为副厅级，并新增了 11 个地市级水文机构、新增 300 个事业编制，实现了地市级行政区域水文机构全覆盖，同时将省级水文机构的水文工作纳入省政府对水利厅的考核，将地市水文工作纳入地方政府绩效考核，全面理顺了水文管理体制。内蒙古自治区水文部门机构改革顺利完成，省级机关增加人员编制 36 名，增加内设处室 7 个，增加处级职数 20 个，领导班子职数由 1 正 3 副增加到 1 正 4 副，所属地市水文勘测局领导班子职数增加 11 个，科级干部职数增加 114 个。云南省人力资源和社会保障厅印发《关于云南省水文水资源局调整岗位设置方案的意见》（云人社事岗函〔2020〕1 号），大幅度增加了全省水文系统的专业技术岗位指标，省水文部门及时制定完成全省水文系统岗位指标分配方案和 2020 年第一批岗位聘用实施方案，严格按照聘用程序完成了第一批 198 人的岗位聘用工作，配套印发了《云南省水文水资源局专业技术岗位聘用管理办法（试行）》。

基层水文服务体系建设进一步完善。山东省在 75 个县级水文中心建成运行基础上，以"共管共建共享"为主要内容的全省地方水文双重管理体制进一步得到落实，共设立了乡镇水文服务中心 400 多处，聘用农村水文管理员 4600 多名。为全面实现县级水文中心标准化建设，印发了《山东省水文局关于全面推进县级水文中心标准化建设的指导意见》与《县级水文中心标准化建设考核办法》。县级水文中心积极服务于当地经济社会发展，得到地方政府的高度认可，水利部《水利简报》第 5 期对山东省基层水文管理服务体系建设工作进行了专期介绍。

河南省根据《河南省水文监测管理改革方案》（豫水管〔2016〕60 号）和《河南省水利厅关于设立河南省信阳水文测报中心等 19 个县级水文机构的批复》（豫水人〔2020〕58 号）文件精神，2020 年省水利厅批复了第三批 19 个县级水文机构，目前已累计批复全省 56 个县级水文机构，形成了以水文测区为单元的全省水文监测管理基本框架。

广西壮族自治区水利厅批复同意广西壮族自治区水文中心所属县域中心水文机构调整更名，更名后统一为"水文中心站"，并由原来的 76 个县域水文中心站调整为 77 个。

截至 2019 年年底，全国水文系统共设立地市级水文机构 297 个，其中，河北、辽宁、吉林、江苏、浙江、福建、山东、河南、湖北、湖南、四川、贵州、西藏、宁夏、新疆等 15 省（自治区）实现全部按照地市级行政区划设置水文机构；县级水文机构 588 个。地市级和县级行政区划水文机构设置情况见表 2-2。

表2-2　地市级和县级行政区划水文机构设置情况

省（自治区、直辖市）	已设立水文机构的地市		已设立水文机构的区县	
	水文机构数量	名　称	水文机构数量	名　称
北京			4	朝阳区、顺义区、大兴区、丰台区
天津			4	滨海新区（东丽区）、津南区（西青区、静海区）、和平区（河东区、河西区、南开区、河北区、红桥区、北辰区、武清区）、宝坻区（蓟州区、宁河区）
河北	11	石家庄市、保定市、邢台市、邯郸市、沧州市、衡水市、承德市、张家口市、唐山市、秦皇岛市、廊坊市	35	涉县、平山县、井陉县、崇礼县、邯山区、永年县、巨鹿县、临城县、邢台市桥东区、正定县、石家庄市桥西区、阜平县、易县、雄县、唐县、保定市竞秀区、衡水市桃城区、深州市、沧州市运河区、献县、黄骅市、三河市、廊坊市广阳区、唐山市开平区、滦州市、玉田县、昌黎县、秦皇岛市北戴河区、张北县、怀安县、张家口市桥东区、围场县、宽城县、兴隆县、丰宁县
山西	9	太原市、大同市（朔州市）、阳泉市、长治市（晋城市）、忻州市、吕梁市、晋中市、临汾市、运城市		
内蒙古	11	呼和浩特市、包头市、呼伦贝尔市、兴安盟、通辽市、赤峰市、锡林郭勒盟、乌兰察布市、鄂尔多斯市、阿拉善盟（乌海市）、巴彦淖尔市		

续表

省（自治区、直辖市）	已设立水文机构的地市		已设立水文机构的区县	
	水文机构数量	名 称	水文机构数量	名 称
辽宁	14	沈阳市、大连市、鞍山市、抚顺市、本溪市、丹东市、锦州市、营口市、阜新市、辽阳市、铁岭市、朝阳市、盘锦市、葫芦岛市	12	台安县、桓仁县、彰武县、海城市、盘山县、大洼县、盘锦双台子区、盘锦兴隆台区、朝阳喀左县、营口大石桥市、丹东宽甸满族自治县、锦州黑山县
吉林	9	长春市、吉林市、延边市、四平市、通化市、白城市、辽源市、松原市、白山市		
黑龙江	10	哈尔滨市、齐齐哈尔市、牡丹江市、佳木斯市（双鸭山市、七台河市、鹤岗市）、大庆市、鸡西市、伊春市、黑河市、绥化市、大兴安岭地区		
上海			9	浦东新区、奉贤区、金山区、松江区、闵行区、青浦区、嘉定区、宝山区、崇明县
江苏	13	南京市、无锡市、徐州市、沧州市、苏州市、南通市、连云港市、淮安市、盐城市、扬州市、镇江市、泰州市、宿迁市	26	太仓市、常熟市、盱眙县、涟水县、海安市、如东县、兴化市、宜兴市、江阴市、溧阳市、金坛市、句容市、新沂市、睢宁县、邳州市、丰县、沛县、高邮市、仪征市、阜宁县、响水县、大丰市、泗洪县、沭阳县、赣榆县、东海县
浙江	11	杭州市、嘉兴市、湖州市、宁波市、绍兴市、台州市、温州市、丽水市、金华市、衢州市、舟山市	71	余杭区、临安区、萧山区、建德市、富阳市、桐庐县、淳安县、鄞州区、镇海区、北仑区、奉化市、余姚市、慈溪市、宁海县、象山县、瓯海区、龙湾县、瑞安市、苍南县、平阳县、文成县、永嘉县、乐清市、洞头县、泰顺县、德清县、长兴县、安吉县、秀洲区、南湖区、海宁市、海盐县、平湖市、桐乡市、嘉善县、柯桥区、嵊州市、新昌县、上虞市、诸暨市、义乌市、永康市、东阳市、浦江县、武义县、磐安县、江山市、常山县、开化县、龙游县、定海区、普陀区、岱山县、嵊泗县、临海市、三门县、天台县、仙居县、黄岩区、温岭市、玉环县、莲都区、缙云县、庆元县、青田县、云和县、龙泉市、遂昌县、松阳县、景宁县、海曙区
安徽	10	阜阳市（亳州市）、宿州市（淮北市）、滁州市、蚌埠市（淮南市）、合肥市、六安市、马鞍山市、安庆市（池州市）、芜湖市（宣城市、铜陵市）、黄山市		

续表

省（自治区、直辖市）	已设立水文机构的地市		已设立水文机构的区县	
	水文机构数量	名 称	水文机构数量	名 称
福建	9	抚州市、厦门市、宁德市、莆田市、泉州市、漳州市、龙岩市、三明市、南平市	38	福州市晋安区、永泰县、闽清县、闽侯县、福安市、古田县、屏南县、莆田市城厢区、仙游县、南安市、德化县、安溪县、漳州市芗城区、平和县、长泰县、龙海市、诏安县、龙岩市新罗区、长汀县、上杭县、漳平市、永定县、永安市、沙县、建宁县、宁化县、将乐县、大田县、尤溪县、南平市延平区、邵武市、顺昌县、建瓯市、建阳市、武夷山市、松溪县、政和县、浦城县
江西	9	上饶市（鹰潭市）、景德镇市、南昌市、抚州市、吉安市、赣州市、宜春市（萍乡市、新余市）、九江市、鄱阳湖区	2	彭泽县、湖口县
山东	16	滨州市、枣庄市、潍坊市、德州市、淄博市、聊城市、济宁市、烟台市、临沂市、菏泽市、泰安市、青岛市、济南市、威海市、日照市、东营市	75	济南市城区、历城区（章丘区）、长清区（平阴区）、济阳区、商河县、青岛市城区、西海岸新区、胶州市、青岛市即墨区、平度市、莱西市、淄博市张店区（周村区、临淄区）、淄博市博山区（淄川区）、高青县（桓台县）、沂源县、枣庄市薛城区、枣庄市台儿庄区、枣庄市山亭区、滕州市、东营市东营区（垦利区）、东营市河口区（利津县）、广饶县、烟台开发区、烟台市牟平区（莱山区）、龙口市、烟台市莱阳市（海阳市）、蓬莱市（长岛县）、招远市（莱州市）、潍坊市奎文区、诸城市、寿光市（青州市）、安丘市（昌乐县）、昌邑市（高密市）、临朐县、济宁市任城区、邹城市（微山县）、金乡县（鱼台县）、嘉祥县（梁山县）、汶上县（兖州区）、泗水县（曲阜市）、泰安市泰山区（岱岳区）、新泰市、肥城市（宁阳县）、东平县、威海市文登区（环翠区）、荣成市、乳山市、日照市东港区（岚山区）、五莲县、莒县、莱城、雪野旅游区、临沂经开区、沂南县（沂水县）、兰陵县、费县（平邑县）、莒南县（临沭县、临港区）、蒙阴县、武城县（德城区、夏津县）、乐陵市（庆云县、宁津县）、临邑县（陵城区、平原县）、齐河县（禹城市）、聊城市东昌府区、莘县（阳谷县）、东阿县（茌平县）、冠县（临清西部）、高唐县（临清东部）、滨州市滨城区（博兴县）、阳信县（无棣县、沾化区）、邹平市（惠民县）、菏泽市牡丹区（东明县）、菏泽市定陶区（曹县）、单县、巨野县（成武县）、郓城县（鄄城县）

续表

省（自治区、直辖市）	已设立水文机构的地市		已设立水文机构的区县	
	水文机构数量	名 称	水文机构数量	名 称
河南	18	洛阳市、南阳市、信阳市、驻马店市、平顶山市、漯河市、周口市、许昌市、郑州市、濮阳市、安阳市、商丘市、开封市、新乡市、三门峡市、济源市、焦作市、鹤壁市	55	郑州市市辖区（中牟县、荥阳市）、登封市、开封市市辖区（尉氏县）、杞县（通许县）、洛阳市市辖区（孟津县、伊川县、偃师市、新安县）、汝阳县（嵩县）、平顶山市市辖区（叶县）、汝州市（郏县、宝丰县）、舞钢市、鲁山县、安阳市市辖区（汤阴县、内黄县）、林州市、鹤壁市市辖区（淇县）、浚县、新乡市市辖区（获嘉县）、卫辉市、长垣县、焦作市市辖区、濮阳市市辖区、南乐县（清丰县）、范县（台前县）、许昌市市辖区（长葛市、襄城县、禹州市）、漯河市市辖区、舞阳县、临颖县、三门峡市市辖区（陕县、渑池县、义马市）、灵宝市、商丘市市辖区（虞城县、夏邑县、民权县）、永城市、柘城县（睢县、宁陵县）、周口市市辖区（西华县、商水县、淮阳县）、鹿邑县、沈丘县（项城市）、太康县（扶沟县）、驻马店市市辖区（遂平县）、泌阳县、新蔡县、上蔡县（西平县）、确山县（正阳县）、汝南县、南阳市市辖区（镇平县、社旗县、方城县）、邓州市（新野县）、南召县、西峡县（淅川县）、内乡县、唐河县（桐柏县）、狮河区、平桥区、淮滨县、固始县（商城县）、光山县、潢川县、新县、息县（罗山县）、济源市
湖北	17	武汉市、黄石市、襄阳市、鄂州市、十堰市、荆州市、宜昌市、黄冈市、孝感市、咸宁市、随州市、荆门市、恩施土家族苗族自治州、潜江市、天门市、仙桃市、神农架林区	53	阳新县、房县、竹山县、夷陵区、当阳市、远安县、五峰土家族自治县、宜都市、枝江市、枣阳市、保康县、南漳县、谷城市、红安县、麻城市、团风县、新洲区、罗田县、浠水县、蕲春县、黄梅县、英山县、武穴市、大梧县、应城市、安陆市、通山县、咸丰市、随县、广水市、孝昌县、云梦县、兴山县、崇阳县、咸安区、通城县、曾都区、洪湖市、松滋市、公安县、江陵县、监利县、荆州区、沙市区、石首市、丹江口、钟祥市、京山县、汉川市、孝南区、黄陂区、恩施市、黄州区
湖南	14	株洲市、张家界市、郴州市、长沙市、岳阳市、怀化市、湘潭市、常德市、永州市、益阳市、娄底市、衡阳市、邵阳市、湘西土家族苗族自治州	83	湘乡市、双牌县、蓝山县、醴陵市、临澧县、桑植县、祁阳县、桃源县、凤凰县、浏阳市、永顺县、安仁县、宁乡县、石门县、新宁县、保靖县、桂阳县、隆回县、泸溪县、嘉禾县、安化县、溆浦县、江永县、邵阳县、衡山县、桃江县、永州市冷水滩区、芷江县、吉首市、津市市、慈利县、南县、麻阳苗族自治县、澧县、攸县、炎陵县、耒阳市、冷水江市、双峰县、洞口县、沅陵县、会同县、道县、平江县、桂东县、常宁市、湘阴县、长沙市城区、长沙县、通道侗族自治县、娄底市城区、涟源市、新化县、龙山县、武陵源区、衡阳市城区、邵阳市城区、衡东县、祁东县、绥宁县、江华县、新田县、宁远县、郴州市城区、资兴市、临武县、怀化市城区、新晃侗族自治县、永定区、益阳市城区、临湘市、常德市城区、湘潭市城区、岳阳市城区、株洲市城区、南岳区、汉寿县、衡阳县、衡南县、洪江市、武冈市、邵东县

续表

省（自治区、直辖市）	已设立水文机构的地市		已设立水文机构的区县	
	水文机构数量	名　称	水文机构数量	名　称
广东	12	广州市、惠州市（东莞市、河源市）、肇庆市（云浮市）、韶关市、汕头市（潮州市、揭阳市、汕尾市）、佛山市（珠海市、中山市）、江门市（阳江市）、梅州市、湛江市、茂名市、清远市、深圳市		
广西	12	钦州市（北海市、防城港市）、贵港市、梧州市、百色市、玉林市、河池市、桂林市、南宁市、柳州市、来宾市、贺州市、崇左市	77	南宁市城区、武鸣区、上林县、隆安县、横县、宾阳县、马山县、柳州市城区、柳城县、鹿寨县、三江县、融水县、融安县、桂林市城区、临桂区、全州县、兴安县、灌阳县、资源县、灵川县、龙胜县、阳朔县、恭城县、平乐县、荔浦县、永福县、梧州市城区、藤县、岑溪市、蒙山县、钦州市城区、钦北区、浦北县、灵山县、北海市城区、合浦县、防城港市城区、东兴市、上思县、贵港市城区、桂平市、平南县、玉林市城区（兴业县）、容县、北流市、博白县、陆川县、百色市城区（田阳县）、凌云县、田林县、西林县、隆林县、靖西市（德保县）、那坡县、田东县（平果县）、贺州市城区（钟山县）、昭平县、富川县、河池市城区、宜州市、南丹县、天峨县、东兰县、凤山县、罗城县、都安县（大化县）、巴马县、环江县、来宾市城区（合山市）、忻城县、象州县（金秀县）、武宣县、崇左市城区、龙州县（凭祥市）、大新县、宁明县、扶绥县
四川	21	成都市、德阳市、绵阳市、内江市、南充市、达州市、雅安市、阿坝州、凉山彝族自治州、眉山市、广元市、遂宁市、宜宾市、泸州市、广安市、巴中市、甘孜市、乐山市、攀枝花市、自贡市、资阳市		
重庆			39	渝中区、江北区、南岸区、沙坪坝区、九龙坡区、大渡口区、渝北区、巴南区、北碚区、万州区、黔江区、永川区、涪陵区、长寿区、江津区、合川区、万盛区、南川区、荣昌县、大足县、璧山县、铜梁县、潼南县、綦江县、开县、云阳县、梁平县、垫江县、忠县、丰都县、奉节县、巫山县、巫溪县、城口县、武隆县、石柱县、秀山县、酉阳县、彭水县
贵州	9	贵阳市、遵义市、安顺市、毕节市、铜仁市、黔东南苗族侗族自治州、黔南布依族苗族自治州、黔西南布依族苗族自治州、六盘水市		

续表

省（自治区、直辖市）	已设立水文机构的地市		已设立水文机构的区县	
	水文机构数量	名　称	水文机构数量	名　称
云南	14	曲靖市、玉溪市、楚雄彝族自治州、普洱市、西双版纳傣族自治州、昆明市、红河哈尼族彝族自治州、德宏傣族景颇族自治州、昭通市、丽江市、大理白族自治州（怒江傈僳族自治州、迪庆藏族自治州）、文山壮族苗族州、保山市、临沧市	1	昌宁县
西藏	7	阿里地区、林芝市、日喀则市、山南市、拉萨市、那曲市、昌都市		
陕西	6	榆林市（延安市）、西安市（渭南市、铜川市、咸阳市）、宝鸡市、汉中市、安康市、商洛市	3	志丹县、华阴市、韩城市
甘肃	10	白银市（定西市）、嘉峪关市（酒泉市）、张掖市、武威市（金昌市）、天水市、平凉市、庆阳市、陇南市、兰州市、临夏回族自治州（甘南藏族自治州）		
青海	6	西宁市、海东市（黄南藏族自治州）、玉树藏族自治州、海南藏族自治州（海北藏族自治州）、海西蒙古族藏族自治州		
宁夏	5	银川市、石嘴山市、吴忠市、固原市、中卫市		
新疆	14	乌鲁木齐市、石河子市、吐鲁番市、哈密市、和田地区、阿克苏地区、喀什地区、塔城地区、阿勒泰地区、克孜勒苏柯尔克孜自治州、巴音郭楞蒙古自治州、昌吉回族自治州、博尔塔拉蒙古自治州、伊犁哈萨克自治州		
合计	297		587	

2. 水文双重管理体制建设

水文双重管理体制建设持续推进。山东省为切实推动县级水文中心落地见效，将县级水文中心标准化建设纳入 2020 年对地市一级水文局的绩效考核内容，在 16 个地市一级水文局全部实行省水利厅与市级人民政府双重领导的基础上，全省 75 个县级水文中心全部实行地市一级水文局与县级人民政府双重领导，市、县两级水文部门争取地方投入分别达 5383 万元和 2893 万元，进一步加强和规范水文工作，有力保障了水文事业发展。

截至 2020 年年底，全国 297 个地市级水文机构中有 136 个实行省级水行政主管部门与地方人民政府双重管理，其中，山东、河南、湖南、广东、广西、云南等省（自治区）地市级水文机构全部实现双重管理。北京、天津、河北、辽宁、上海、江苏、浙江、福建、江西、山东、河南、湖北、湖南、广西、重庆、云南、陕西等 17 个省（自治区、直辖市）共设立 587 个县级水文机构，其中 303 个实行双重管理。

3. 政府购买服务实践

政府购买服务不断拓展。全国水文系统积极探索用人用工方式改革，发挥市场资源在水文工作中的作用，推动利用社会力量参与水文工作，持续开展政府购买水文服务实践。

河北省依托政府购买服务方式，组建水文设施运行维护专门队伍，对全省 6000 余处自动监测站交由专门队伍进行运行维护管理，主要涉及国家和省级地下水监测站以及山洪灾害防治、中小河流等项目建设的水文测站。上海市在水文测站运行维护、水情遥测系统运行维护、水质监测采样等方面委托第三方开展水文监测，拓宽委托工作内容，满足上海市水务事业发展和经济社会发展对水文工作日趋增长的需求。江西省出台了《江西省水文监测设施设备运行维护吸纳社会化服务管理实施细则（试行）》，对全省水文监测设施设备运行维护吸纳社会化服务进行规范化管理。湖南省对国家水资源监控能力建设项目——饮用水水源地水质在线监测站运行维护项目进行公开招标采购，购买社会服务。广西壮族自治区积极探索将水文监测辅助技术进行劳务派遣和购买服务，印发了《水文测站设施设备运行维护和测验技术辅助基本任务》，初步建立了"管养分离"的水文运行管理新机制，在一定程度上解决了水文人少事多的矛盾。重庆市在信息化建设、站点维护管理、水资源监测服务三个方面开展政府购买服务相关工作，实现网络安全零事故，有效解决了因水文监测站点成倍增加而带来的人员不足问题。甘肃省通过政府购买服务委托第三方开展自动监测站点维护保养、水文业务系统的运行维护及预报软件开发、部分河流生态流量保障实施方案编制、自动及巡测站点看护等方面工作。

山东省 2020 年度共签订购买社会服务项目合同 18 个，合同额 5592.65 万元，共购买看护保护服务的水文监测站点 1675 处，委托观测服务的各类水文监测站点 1959 处，社会服务项目的常驻人员数量共计 519 人，通过购买服务对设施设备维护的水文监测站点数量 3165 处。购买服务项目实施期间，各类水文监测站点均得到了有效的运行维护，整体运行维护率达到 100%。水文监测设施设备未发生人为损坏和偷盗现象，设施设备均能够得到及时的保养和维修维护，经统计，运行期间各类设施设备整体完好率达到 99% 以上，正常运行率达到 95% 以上。水文监测数据及时、准确、可靠，监测质量和频率均满足有关技术规范的要求，为防汛减灾决策、水资源管理配置等提供了有力依据。全省汛期通过购买服务项目开展的有关监测工作占全部工作量的 50% 以上。

四、水文经费投入

水文投入力度加大。进入新发展阶段，水文工作在水利改革和经济社会发展中的基础支撑作用不断增强，得到了各级政府和社会各界的高度关注和大力支持，中央和地方政府对水文投入力度持续增加。

按 2020 年度实际支出金额统计，全国水文经费投入总额 978955 万元，较上一年增加 47245 万元。其中：事业费 819318 万元、基建费 140744 万元、外部门专项任务费等其他经费 18893 万元。在投入总额中，中央投资 189569 万元，约占 19%，地方投资 789386 万元，约占 81%（图 2-2）。受疫情等因素影响，中央投资较上一年减少 5945 万元。

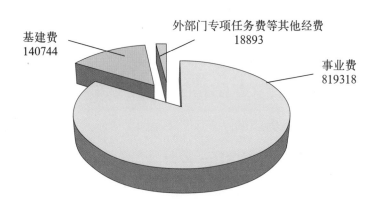

图 2-2 2020 年全国水文经费总额构成（单位：万元）

　　全国水文事业费 819318 万元，较上一年增加 34380 万元。其中，中央水文事业费投入 116104 万元，地方水文事业费投入 703214 万元。全国水文事业费保持逐年稳定增长。全国水文基本建设投入 140744 万元，较上一年增加 11565 万元。其中，中央水文基本建设投入 73465 万元，地方水文基本建设投入 67279 万元。

　　"十三五"期间，全国水文经费投入总额 4455003 万元，与"十二五"期间相比增加 392466 万元，其中，事业费 3678914 万元、基建费 715796 万元。在投入总额中，中央投资 936720 万元，地方投资 3518283 万元。2010 年以来全国水文经费投入统计见图 2-3。

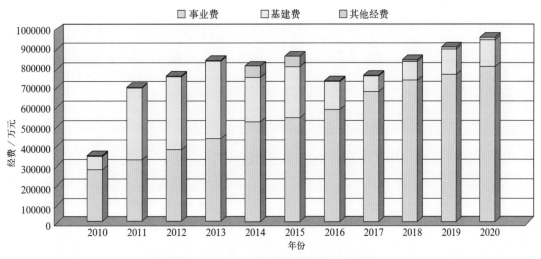

图 2-3 2010 年以来全国水文经费投入统计

五、国际交流与合作

2020 年，全国水文系统统筹疫情防控与国际河流水文工作，围绕工作实际和业务需求积极开展多边、双边水文国际合作与交流活动。

1. 国际会议和重大水事活动

8 月 24 日，李克强总理在澜沧江—湄公河合作第三次领导人会议上提出"中方将从今年开始，与湄公河国家分享澜沧江全年水文信息，共建澜湄水资源合作信息共享平台，更好应对气候变化和洪旱灾害"。11 月 1 日，云南省水文部门将澜沧江允景洪、曼安水文站的非汛期水文信息发往柬埔寨、老挝、缅甸、泰国、越南五国和湄公河委员会秘书处，标志着我国从过去向湄公河五国和湄公河委员会秘书处提供澜沧江汛期水文信息转为提供全年水文信息。

7 月 28 日，联合国教科文组织政府间水文计划（UNESCO-IHP）召开新冠肺炎疫情期间的水问题国际视频会议，UNESCO-IHP 副主席、亚太区指导委员会主席、河海大学教授余钟波组织并参加会议，中国国家委员会成员单位南京水利科学研究院的代表也参加了会议。9 月 11 日，世界气象组织中国水文顾问、水利部水文司副司长魏新平参加第一次世界气象组织（WMO）二区协（亚洲）视频会议，就全球水文状况和展望系统、洪水管理相关项目、水文未来挑战和需求等议题进行讨论。9 月 28 日至 10 月 2 日，水利部水文司组织水文系统有关专家参加了世界气象组织（WMO）第 72 届理事会视频会议，就水文愿景与战略进行讨论，与各国水文顾问开展广泛协商。10 月26—27 日，UNESCO-IHP 亚洲和太平洋地区区域指导委员会特别会议在线上召开，UNESCO-IHP 副主席、亚太区指导委员会主席、河海大学教授余钟波主持会议并致开幕词，交流中国在水文领域所开展的工作和研究成果。11 月 30 日至 12 月 1 日，水利部相关司局、南京水科院和河海大学等 UNESCO-IHP 中国国家委员会成员单位的有关代表和专家参加了以视频方式召开的

UNESCO-IHP 理事会第二次特别会议。

2. 国际河流水文合作

围绕水文报汛、过境测流、跨界河流水资源管理与合作等方面，我国同俄罗斯、哈萨克斯坦、蒙古、朝鲜、印度、湄公河委员会等周边国家和国际组织持续开展国际交流与合作，取得丰硕成果。辽宁、吉林、黑龙江、广西、云南、西藏等省（自治区）水文部门按照国际河流水文报汛协议，向有关国家报送水文信息，圆满完成中俄、中朝、中印、中越等相关跨界河流水文报汛工作。经各方积极协调，克服疫情影响，从 5 月底起中俄、中朝跨界河流过境作业恢复正常。内蒙古自治区水文部门顺利完成中蒙水文资料交换和资料分析工作，为中蒙国际河流流域管理、水资源开发、水文分析、水环境保护等交流合作积累基础信息。新疆维吾尔自治区水文部门完成中哈、中蒙跨界河流水文资料交换、对比分析等工作任务，积极参与中哈跨界河流水量分配基础研究工作。新疆生产建设兵团积极回应哈方需求，组织完成 2019 年乌河水文站水文资料整编等项工作，为中哈跨界河流乌河水文观测数据交换提供支撑。据统计，我国全年累计向周边国家和国际组织提供报汛信息 15 万条，接收信息 10 万余条。

六、水文行业宣传

2020 年，全国水文系统以习近平新时代中国特色社会主义思想和党的十九大精神为指引，以"十六字"治水思路为主线，围绕支撑保障水利改革和经济社会发展，突出水文工作以人民为中心的时代主题，不断加大宣传力度，提升水文社会影响力，为新时期水文改革发展营造良好舆论氛围。

1. 行业宣传成果丰硕

1 月 17 日，水利部举办"水文支撑经济社会发展"主题新闻发布会（图 2-4），水利部水文司司长蔡建元介绍了我国水文事业发展的基本情况和水文在经济社

图 2-4 水利部举办"水文支撑经济社会发展"主题新闻发布会

会发展中发挥的重要作用。经过多年发展，我国水文事业取得了长足发展，在水文站网方面，我国基本建成空间分布基本合理、监测项目比较齐全、测站功能相对完善的水文监测站网体系，水文站网总体密度达到中等发达国家水平；在水文监测能力方面，监测内容不断丰富，地表水地下水并行，水量水质并重，监测手段由传统人工观测逐步转向自动化监测，水位、雨量监测已全面实现自动测报，现代化水平逐步提高；在水文管理体系方面，基本建立了以《中华人民共和国水文条例》为基础的水文法规体系，培养造就了一支吃苦耐劳、无私奉献的水文队伍，人才队伍持续稳定发展，在工作实践中积淀凝练了"求实、团结、奉献、进取"的水文行业精神。

多年来水文为水利和经济社会发展提供了可靠支撑，一是服务防汛抗旱减灾，全国水文部门全力以赴、科学应对、主动作为，准确监测、及时报送信息、科学预测预报，充分发挥了水文作为防汛抗旱的尖兵、耳目和参谋作用；二是服务水资源管理，水文部门不断完善水资源监测体系，加强行政区界、供水水源地、重要控制断面水量水质监测，实施了国家地下水监测工程、强化水资源分析评价与预测预报，为水资源调度、配置、节约、保护等提供重要支撑；三是服务水质水生态保护，大力推进水质监测与评价工作，在实现重要湖泊、水库等水域藻类监测常态化的基础上，不断拓展浮游生物、底栖生物、鱼类、水生植物等监测项目；四是服务工程建设和运行，新中国成立以来水文部门积累了覆盖我国主要江河长达 70 多年的长系列水文整编资料，为重大工程建设，工程优化调度和水资源合理配置提供了科学依据；五是服务突发水事件应急处置，构建了反应迅速、保障有力的水文应急监测体系，在应对汶川地震唐家山堰塞湖、舟曲特大泥石流等突发水事件中，水文部门及时提供监测信息和分析预测成果，为有效处置突发灾害事件发挥了重要作用；六是服务社会公众日常生活，各级水文部门通过新闻媒体、水文信息系统和各类公报、简报等方式及时向社会公众提供水文信息服务，不断加强水文资料公开共享。

水利部水文司围绕如何为水利改革发展提供支撑、水文基础设施建设取得的成效和现代化程度、水文支撑生态文明建设、推进黄河流域生态保护和高质量发展、水文情报预报工作成效和举措、水利部门水质监测工作特点和重点任务等多方面内容回答了记者提问。其中，重点介绍了水利部门的水质监测工作，水质监测是水文部门的重要职责，也是水文监测不可分割的组成内容，具有水量水质有机结合、水质采样科学高效、服务水利中心工作的鲜明特点，自20世纪 50 年代系统开展水质监测工作以来，在掌握江河湖库水质状况，支撑水资源管理和水生态保护需求，做好供水安全保障等方面发挥了积极作用。人民日报、新华社、中央广播电视总台、光明日报、经济日报、中国日报、中国青年报、法制日报、中国水利报等媒体的记者参加发布会，并多方位报道了水文在支撑社会经济发展取得的突出成就，取得了广泛的社会反响。

6月，水利部完成《中国水文》新版宣传片拍摄工作（图 2-5），宣传片从基础建设、管理体制、监测能力、水文测报和信息服务等方面展示近年来水文发展改革新成就，系统介绍和反映水文支撑水利和经济社会发展所发挥的重要作用，是社会公众了解水文的重要宣传载体。

图 2-5　《中国水文》新版宣传片

　　黄委拍摄制作了全国文明单位创建宣传片、黄河水文形象宣传片、《大河荣光》综合性宣传片，完成黄河水文标识的审定工作，并正式启用。黄河水文测报工作先后被央视、人民网、东方卫视、中国新闻网、河南日报报道。9月18—30日，央视新闻连续13天以融媒体形式直播"跟着黄河入大海"，从黄河源头出发，穿越九省（自治区），追寻"母亲河"，期间黄委水文局水情视频监控系统持续提供支撑，黄河景观通过黄河水文综合信息管理平台在中央电视台新闻频道、央视新闻 APP、新浪微博、抖音等媒体平台直播。9月18日，黄河水文公众开放日在黄河干流兰州水文站、花园口水文站、泺口水文站同步开展，向社会公众揭开"神秘面纱"，来自甘肃省兰州市、河南省郑州市、山东省济南市等地的中小学生、机关部门与事业单位的志愿者走进水文站参观，了解黄河水文发展及工作现状，近距离触摸黄河水文先进仪器装备。配合新华网、人民日报等采编刊发《黄河入海流》《守望大河的"母亲河情绪监测师"》等文章，人民网、东方卫视、中国新闻网、澎湃新闻、河南日报多家媒体到黄河水文采访报道。

　　6月10日，山东省人民政府新闻办公室举行"水文支撑经济社会发展情况"新闻发布会（图 2-6），省水利厅和省水文局领导介绍了水文事业发展的基本情况和水文服务防汛抗旱减灾、水资源管理、水生态保护、工程建设运行、社会公众日常工作等，并回答记者提问。人民网、大众日报、山东卫视、学习强国等主流媒体高度关注，在重要版面和时段刊发稿件330多篇，社会关注度和正面宣传效果空前。

图2-6　山东省人民政府举行"水文支撑经济社会发展情况"新闻发布会

2. 主题宣传活动精彩纷呈

全国水文系统利用"世界水日""中国水周""国家宪法宣传日"等重要节点，围绕政策法规、水文发展、水文支撑社会经济等方面开展形式多样、内容丰富的宣传活动。

浙江省联合大运河沿线北京、天津、河北、山东、江苏等省（直辖市）水文部门，共同发起创建"京杭大运河百年水文联盟"，11月29日，在杭州市拱宸桥水文站举行了"京杭大运河百年水文联盟"活动（图2-7），浙江省人民政府彭佳学副省长以及水利部水文司、太湖流域管理局、浙江省水利厅、杭州市委市政府等有关单位领导出席活动。京杭大运河沿线6省（直辖市）水文部门和14处百年水文站代表、杭州市相关部门领导、全省11个地市水文部门代表，以及在杭媒体代表等150余人参加了现场活动。新华网、人民网、中国新闻网、浙江卫视等10多家国内主流媒体从多个角度对"京杭大运河百年水文联盟"活动和14处百年水文站进行了报道，宣传水文文化，传承水文行业

图 2-7 11 月 29 日 "京杭大运河百年水文联盟"活动在杭举行

精神，进一步提升了水文工作的影响力。

松辽委结合"世界水日""中国水周"，通过播放宣传标语、更新测站宣传牌、深入民户发放宣传单、宣讲水文设施保护等多种形式开展行业宣传活动。天津市开展"七五普法"宣传活动，通过普法宣教、设立宣传展板、悬挂宣传条幅等形式，传播国家公共法、涉水专业法律知识，弘扬法治精神。江苏省开展"守卫生态河湖"主题活动，录制《扬子江畔守安澜》等 5 部科普宣传微视频，视频由中国水利报在好看视频、哔哩哔哩网站等重要新媒体平台上发布，累计播放量达 36 万余次。山东省烟台市举办"绿水青山　巡河有我"志愿活动，吸引了来自各行业的上万名普通市民成为志愿者，成为烟台市建设水生态文明城市、落实河湖长制工作一道亮丽的风景。海南省开展"世界水日　中国水周"宣传，发放《世界水日　中国水周特刊》，进一步营造全社会节水护水亲水爱水、建设幸福河湖的良好氛围。

3. 新媒体宣传影响不断增强

全国水文系统不断巩固传统水文宣传阵地，积极拓展新媒体平台，提高水文社会影响力、群众知晓度。

汛期，各地水文部门在全面做好防汛测报工作的同时，抢抓汛期宣传契机，利用电视、网络、报刊等手段，加强水文宣传工作。6月22日，重庆市发布重庆历史上首个洪水红色预警，在预警时间内长江上游支流綦江遭遇有水文记录以来最大洪水袭击，提前8小时预报超历史洪峰，当天綦江区紧急转移十万余人，无一人伤亡。防汛一线的水文监测和水情预报人员接受央视记者专访，7月18日在央视《新闻直播间》栏目以《重庆历史首个洪水红色预警发布始末》为题（图2-8），深度剖析重庆市水文部门在抗击"6·22"洪水中发挥的重要作用，引起社会广泛强烈关注。长江委借力腾讯新闻APP创办"防汛水文知识微科普"专栏，《洪水预警的颜色分别是什么意思》《为什么要给洪水编号》《三峡工程到底能防多大洪水》等多篇文章在腾讯新闻平台登上热搜，两个月内累计浏览量突破135万。7月12日，太湖流域发生超标准洪水，太湖局接受央视新闻频道《朝闻天下》栏目采访，向社会公众介绍流域雨水情，突出水文在防汛工作中的作用。上海市邀请《劳动报》赴松浦监测中队、《新民晚报》赴吴淞监测中队，实探在洪水中漂流的"水上情报站"，全方位宣传水文防汛测报在抗洪减灾中发挥的重要作用，充分展示水文人的风采。河南省水文部门党员干部冲锋在前的抗洪事迹——《防汛一线党旗红》被央广网报道，充分反映了水文人的责任担当和奉献精神，引起了极大的社会反响。四川省建立水文官方微信公众号、官方抖音号及"现场云"等新媒体宣传平台，与主流媒体签订合作

图 2-8 7月18日央视《新闻直播间》播报《重庆历史首个洪水红色预警发布始末》

协议，提升行业影响力，在四川省"8·11""8·18"连续暴雨洪灾过程中，持续发布水文测报抗洪系列报道 419 次，为水文融入地方起到了良好的助推效果。

长江委和湖南省充分发挥官方网站和微信公众号主阵地作用，发布行业新闻、提供雨水情信息查询服务，长江水文、湖南水文微信公众号关注人数已分别达到 5.7 万人、5.6 万人，影响力进一步提高，宣传效果显著。

河北省运用直播方式宣传水文勘测技能竞赛，开播当天点击率破万，宣传效果显著。黑龙江省在"学习强国"APP 平台，推出作品《情为祖国东极三江水 魂系祖孙三代追梦人》，宣传水文人的不忘初心、担当实干精神。江西省深度挖掘水文文化底蕴，启动《赣鄱水文》系列丛书编写，展示江西水文百年峥嵘，收集稿件 60 余篇。西藏自治区积极宣传新颁布的《西藏自治区水文管理办法》，通过设立宣传展台、发放宣传手册、租用出租车 LED 播放、报纸刊登、电视刊播、微信转发等手段进行宣传。1 月，青海省直门达水文站职工被央视综合频道邀请作为《开讲啦》栏目嘉宾，向观众讲述水文人在长江源头的工作和心得，展现了水文人团结、求实、奉献、进取的精神面貌。

此外，各地水文部门利用城市休闲河岸廊道、公园景区等场地，通过开放水文展厅、公众窗口平台，多方位开展水文行业宣传。珠江委将南沙水文巡测基地、南沙水政码头、天河水文站、河口水文站打造成集党建、水文培训、公众开放、水文文化展示为一体的窗口平台，传播和推广水文文化。湖南省建设完成湖南水文展示厅，向社会展示水文特色、开展水文宣传教育，取得了不错的宣传效果。

4. 水文援藏援疆工作

水利部水文司组织协调并大力推进水文援藏援疆工作。深入贯彻落实水利部第九次援藏工作会议和水利援疆工作会议精神，组织各对口援藏、援疆水文单位全面总结"十三五"以来水文援藏援疆成效，对接受援单位实际需求，开展下一阶段援助工作。分别印发《水文对口援藏三年工作方案（2020—2022 年）》

《水文对口援疆工作方案（2020—2022 年）》，组织召开了水文援藏、援疆工作视频会议，对下一阶段水文援藏、援疆工作作出全面部署，进一步加强西藏、新疆以及贫困地区水文基础设施建设、业务帮扶和人才培养。优先安排年度中央预算内投资 7857 万元，用于西藏、新疆水文基础设施建设。

各地水文部门按照水文对口援助工作机制开展了大量工作。援藏方面，黄委水文局，河北、河南、江西、广西、云南等省（自治区）水文部门以及南京水利水文自动化研究所等单位共派遣 8 批 69 人次进藏开展调研交流，技术人员 12 人次进藏开展技术培训工作，西藏自治区水文部门 26 人出藏参加各类培训班，签订战略协议 2 个。黄委水文局协调河南黄河水文勘察设计院免费为西藏自治区水文部门进行办公用房、周转房维修设计，减免费用 34.05 万元；选派技术专家 10 人赴藏开展专项业务帮扶 1 次，提供物资支持约 41 万元（图 2-9）。淮委、吉林省、安徽省联合出资 30 万元，用于那曲市水文分局改造供暖设备设施。辽宁省援助阿里地区水文分局 20 万元，用于开展"阿里地区典型县安全饮用水水质调查"。援疆方面，长江委、黄委、江西省各选派 1 名干部在新疆维吾尔自治区或新疆生产建设兵团挂职，指导新疆水文工作。太湖局水文局会同浙江省水文管理中心在阿克苏地区举办全疆水文勘测技能知识培训，培训涵盖水

图 2-9　11 月黄委水文局在西藏与日喀则水文分局座谈

文测站标准化管理、行政区域水文测验应急方案编制、水文基础测验等内容，新疆维吾尔自治区水文系统 10 个地州的水文勘测局、新疆兵团第五师水文水资源管理中心和第一师水利局等共计 14 个单位 61 人参加培训。山东省和江西省水文部门分别到喀什地区、克孜勒苏柯尔克孜自治州水文勘测局开展援疆考察。黄委、湖北省分别举办援疆视频培训班，黄委还向新疆维吾尔自治区水文部门提供了物资支持约 35 万元。

七、精神文明建设

2020 年，全国水文系统坚持以习近平新时代中国特色社会主义思想为指导，以党建工作为引领，围绕服务水利中心工作，不断深化精神文明建设与水文业务工作的有机结合，取得了丰硕成果。

1. 党建工作深入开展

全国水文系统坚持党建与业务工作深度融合，努力践行理论学习成果。水利部水文司结合落实习近平总书记"3·14"、"9·18"和"1·3"等重要讲话精神，针对水文现代化建设需求、水文防汛抗旱监测预警、华北地下水超采治理、水生态监测等业务开展深入调研，结合调研成果完善水文规划，确定重点工作。同时结合脱贫攻坚和水文现代化发展需求，组织开展水文扶贫攻坚座谈交流、赴华为公司北京研究所参观座谈、赴中国气象局调研交流等形式多样的主题党日活动，开展业务交流，开阔了视野和思路。

各地水文部门深入开展党建，结合党建工作组织开展了多种形式的研学活动。吉林省开展"全面解放思想、争做时代新人"主题演讲比赛、重温入党誓词、"践行初心使命、创新水文发展"户外主题拓展系列活动，组织党员干部在延边朝鲜族自治州开展"铭记历史、砥砺奋进"党性教育研修活动。福建省始终坚持党委抓总，支部发力，系统上下一盘棋，以省中心机关"五星党支部"为龙头，推动落实"三级联创"和"七有"工作法，以点带面、辐射全省，创新

"主题党日＋政治理论学习＋水文特色工作＋志愿服务"四合一模式，提升党员自学的积极性和主动性，使党日活动真正成为"学的载体、做的平台"，全省6个地市水文分中心党支部先后获评"先进基层党组织"。重庆市创新开展"读党史、守初心、担使命"微型党课讲演评比，全体党员用心学党史，用情讲故事，真正把理想信念、初心使命贯穿到日常言行中。

2. 精神文明建设成果丰硕

全国水文系统围绕水文事业改革发展大局，不断丰富精神文明创建的内容、形式、方法，推进开展精神文明创建活动。长江委水文局（机关）、黄委水文局（机关）、黄委中游水文水资源局、黄委宁蒙水文水资源局、北京市水文总站、河北省水文勘测研究中心、福建省水文水资源勘测中心、山东省水文中心、四川省水文水资源勘测局等9家水文单位被评为"全国文明单位"。长江委水文职工罗兴获"全国先进工作者"荣誉称号。长江委水文局5家单位、黄委水文局2家单位、辽宁省河库管理服务中心（省水文局）、浙江省宁海县水文站、湖北省水文水资源中心、广东省水文局等单位获"全国水利文明单位"，长江委中游水文水资源勘测局、黄委水文局10家单位、福建省2个地市水文分中心、河南省水文水资源局和13个地市水文分局、山东省13个地市水文局、辽宁省铁岭市水文局、辽宁省朝阳市水文局、湖南省水文水资源勘测中心和2个地市水文分中心、湖北省水文水资源中心和3个地市水文分中心、海南省水文水资源勘测局、甘肃省水文水资源局等单位分别获省级文明单位。河北省水文勘测研究中心自1994年起连续26年保持"河北省文明单位"称号，自2015年至今保持"全国水利文明单位"称号。秦皇岛市水文水资源勘测局荣获"河北省文明单位"称号。山西省水文水资源勘测总站连续14年获得省直文明和谐单位标兵，辽宁省河库中心（水文局）河湖长制综合部被评为"2020年度辽宁省青年文明号"，2名职工分别被评为"2020年辽宁省巾帼建功标兵"和"2020年辽宁省五一劳动奖章"。黑龙江全省水文系统4家单位获省级文明单位标兵，

1家单位获省级文明单位。浙江省水文管理中心水质处获浙江省2018—2019年度国家最严格水资源考核先进集体，分水江水文站站长胡永成入选浙江省"万人计划"高技能领军人才。淮委水情气象处获得"安徽省防汛救灾先进集体"表彰，合肥市水文水资源局等3个集体、陈涛等4名个人获得"安徽省防汛救灾先进集体和先进个人"表彰，新河庄水文站站长陈涛作为安徽省抗洪抢险先进典型代表受到习近平总书记看望慰问。江西省鄱阳湖水文局被授予"全国青年文明号"。重庆市水质监测中心荣获长江流域水质监测先进单位表彰。

3. 文化建设不断加强

长江委以汉口水文站为试点，从水文基础知识科普的视角，选取历史十大洪水，串联水文监测技术的发展，融入水文一线抗洪史实，展现汉口水文站154年的风雨历程和抗洪精神风貌，联合创作歌曲《逆行》来展现水文精神，出版了《锤炼党性——长江水文党员干部专谈》。黄委立足"黄河水文公众开放日"平台，打造宣传黄河、展示水文窗口，9月18日，在习近平总书记《黄河流域生态保护和质量发展座谈会上的重要讲话》发表一周年之际，兰州水文站、花园口水文站、泺口水文站三地联动，成功举办"黄河水文公众开放日"启动开放仪式。11月29日，适逢杭州市拱宸桥水文站建站百年之际，浙江省水文管理中心、杭州市林业水利局联合运河沿线北京、天津、河北、山东、江苏和浙江等6省（直辖市），共同发起创建"京杭大运河百年水文联盟"活动。活动现场发布《京杭大运河百年水文联盟杭州宣言》，坚持以共同保护、共同传承、共同利用为宗旨，建立共识共保机制，弘扬水文行业精神，努力使百年水文站成为展示大运河文化带建设的重要窗口。江苏省对大运河（苏州段）沿线4个特色水文站点进行文化提升改造，在"水韵江苏 幸福河湖"江苏河湖故事大家讲活动中，苏州古运河故事《一座城 一条河 一个百年老站》荣获一等奖。山东省制订印发《山东省水文局2020—2022年水文文化建设规划纲要》和《山东省水文局机关2020年水文文化建设实施方案》，总结提炼山东省水文先进文化理念、文化内涵和文化品牌，大力推进文化软硬件建设。福建省打造水文站建设融合公园和古建筑、融合水生态、融合科普教育和融合现代化的"四个融合"，积极推进水文测站现代化建设，打造了30余处独具人文景观和生态气息的现代化水文站点。江西省稳步推进5个水文文化基地建设，打造完成赣州水文"两馆一园"与井冈山水文红色教育基地，组织第三届江西水文文化体育主题活动，举办防汛抗洪先进事迹报告会，生动展现新时代江西水文人昂扬向上的精神风貌。湖南省依托湘潭水文站建设湘江流域水文展示馆（图2-10），利用液晶显示、电子翻书、液晶推拉屏、数字沙盘、电子签名、无人机等现代化技术，进行水文科普知识、水文仪器设备变迁发展展示，生动翔实展示了湘江流域水之壮美，全面展示水文发展成就，使水文工作更加贴近生活实际，是科普水文文化的重要窗口。

图2-10 9月25日水利部水文司林祚顶司长在湘江流域水文展示馆调研湖南省水文文化建设情况

疫情防控期间，各地水文部门把职工生命安全和身体健康放在首位，一方面坚持科学部署疫情防控工作，另一方面积极动员引领广大职工守望相助，开展形式多样的志愿服务工作。长江委克服交通管制等困难，购买防疫物资10万余件，全局共483名党员在社区报到，共937名干部职工自愿捐款18.44万元，支持抗疫工作。组织对武汉市境内长江、汉江各江段上的取水口、排污口以及长江干流中下游主要控制点等 22 个断面开展应急水质监测，累计分析样品 200 余个。北京市 12 名水文党员干部下沉到社区积极支持疫情防控工作，在职及离退休党员主动捐款 1.17 万元，参与率达 100%，做到了"抗疫情、保运行"两不误。黑龙江省水文系统注册志愿者近 300 人，开展志愿服务累计服务时长 5000 多小时。江西省打造"河小青"志愿服务品牌（图 2-11），构建省、地市、区县水文测报中心"1+9+47"的三级"河小青"志愿服务体系，定期开展"河小青"巡河护河行动，疫情期间先后有 324 名干部职工参加社区防控值班，扎实过硬的工作作风，得到属地相关部门的高度肯定。湖北省动员全省水文系统 540 名党员干部向单位所属社区、居住地所属社区（村镇）"双向报到"，协助开展安全巡查、服务群众等志愿服务工作，受到基层单位和群众的一致好评。

图 2-11 江西省打造具有江西水文特色的"河小青"志愿服务品牌

第三部分

规划与建设篇

2020 年，全国水文系统持续加强水文规划编制工作，不断完善规划体系建设，积极推进项目前期工作，做好项目储备。各地结合年度项目建设，扎实推进水文基础设施提档升级，水文能力建设持续加强。

一、规划和前期工作

1. 水文规划编制工作

水利部组织各流域和省（自治区、直辖市）持续推进《水文现代化建设规划》（简称《现代化规划》）和《全国水文基础设施建设"十四五"规划》（简称《"十四五"规划》）编制工作，在各流域、各省（自治区、直辖市）报送的规划建议基础上，开展了两轮分流域片的规划建设项目对接、审核、汇总，于10月形成两项规划征求意见稿。在征求水利部有关司局和直属单位意见基础上，对规划进行了修改完善，形成送审稿。12月，《水文现代化建设规划》和《全国水文基础设施建设"十四五"规划》通过水利部审查（图 3-1）。

图 3-1 水利部举办《水文现代化建设规划》和《全国水文基础设施建设"十四五"规划》审查会

各地水文部门结合全国水文现代化建设规划编制，梳理本流域、本地区经济社会发展需求和水文工作新任务，以提高监测能力、预警预报能力和信息服务能力为目标，积极开展水文现代化规划和各类专项规划编制，通过顶层设计谋划"十四五"水文发展和现代化建设，取得丰硕成果。山西、河南、安徽、广西、宁夏等省（自治区）结合工作实际，分别开展省（自治区）水文现代化建设规划的编制工作，其中，河南省和宁夏回族自治区分别通过了水利厅审查；《广西水文现代化建设规划》纳入《广西水安全保障规划》和《广西新型基础设施建设三年行动方案（2020—2022 年）》中，为自治区水文现代化规划实施提供有力的政策支撑与资金保障。黄委认真贯彻落实黄河流域高质量发展指导思想和规划纲要，梳理提出水文落实规划纲要总体思路，编制完成黄河流域保护治理实施方案。北京市编制完成《北京市"十四五"时期水文发展规划》，河北省组织编制了《雄安新区白洋淀水文专项规划》，加快提升雄安新区及外围区（保定市、廊坊市、沧州市）水文监测能力。内蒙古自治区编制完成《内蒙古黄河流域高质量发展长治久安水文监测预警预报能力提升项目规划》等。上海市水文"十四五"规划相关成果纳入《上海市水系统治理"十四五"规划》，并编制完成了《上海市水文监测站网规划（2017—2035）》。江苏省完成全省水文"十四五"规划编制。浙江省基本完成《浙江省水文事业发展"十四五"规划》编制工作。安徽省完成《安徽省水文事业发展"十四五"规划》编制。福建省组织编制水文现代化建设规划和预测预报能力提升规划，出台《福建省水利厅关于"水利工程带水文"建设工作的通知》《福建省"水利工程带水文"站网布局规划报告》《福建省"水利工程带水文"建设导则（试行）》，明确测验项目、测验标准和数据共享模式等，在进行水库堤坝和河道治理等水利工程项目建设时，要求严格按照出台的导则和建设标准，把规划的水文监测站点纳入水利工程建设中同步规划、同步设计、同步实施。规划水利工程带水文站236 个，建设投资预算 2.36 亿元。《江西省城市水文监测规划报告》《江西省水生态监测规划（2019—2030年）》获省水利厅批复，为江西省水文部门开展城市水文与水生态监测工作提供了规划依据和科学指引。

2. 加快推进项目前期工作

水利部水文司印发《关于抓紧开展水文项目前期工作的通知》和《关于尽快完善水文项目前期工作的通知》，督促指导中央直属和地方水文单位针对拟列入《"十四五"规划》的重点建设项目，抓紧开展前期工作，做好项目储备。积极同国家发展改革委汇报沟通，推动中央基建投资直属水文基础设施建设项目立项审批工作，协调推进长江委水文局水情数据中心设施设备更新等44个项目可研报告审批，储备项目总投资10亿元。完成黄河流域水文测站统一高程、国家地下水监测二期工程（水利部分）可行性研究、《全国水文计算手册》修订等相关项目任务书编制工作等水利前期项目申请，通过水利部审查并纳入到了国家重大建设项目库中。

各地水文部门按照统一部署和要求，结合工作实际，加快推进拟列入《"十四五"规划》的重点项目国家基本水文测站提档升级建设、大江大河及其支流水义监测系统建设、水资源监测能力建设、跨界河流水文监测站网建设、墒情监测站网建设、水文实验站建设等项目前期工作。山西、吉林、江西、广西、贵州、云南、青海、宁夏等省（自治区）的国家基本水文测站提档升级建设项目都得到了地方发展改革部门或水利部门的批复；山西、江西、四川等省的水文监测中心建设等项目得到批复；内蒙古、吉林、黑龙江、广西等省（自治区）的跨界河流水文监测站网建设等项目得到批复，山西、辽宁、江西、河南、湖南、广西、四川、云南等省（自治区）的墒情监测站网建设等项目得到批复，目前各地已储备水文建设项目46个，总投资14亿元。

各地水文部门积极争取地方投资并组织开展建设工程前期工作，储备了一批地方水文建设项目。河北省完成《2020年度水文视频监控系统建设项目实施方案》《密云水库上游潮白河流域水源涵养区古北口、下堡、三道营水文站提升改造工程实施方案》等项目的勘察、设计与报批工作，黑龙江水利厅以黑水发〔2020〕113号批复黑龙江省地下水监测站网建设工程（二期）实施方案，批复投资6291.25万元。江苏省完成连云港市水环境监测分中心建设项目初步设计并得到省发展改革委批复，批复工程投资3400万元，地市行政区界水文监测工程项目的项目建议书暨可行性研究报告经省生态环境厅、省水利厅审查通过，匡算投资1.84亿元，已报省发展改革委审批。浙江省重点推进水文"5+1"工程建设项目前期的指导和督导，依托"胡永成技能大师工作室"组建重要水文站、水位站定点指导服务专家团队，重点对基层单位水文测站建设实施方案编制、监测断面选址、测站设施设计安装、新技术新装备使用等进行指导服务，有力保障了前期工作深度和质量。广东省推进《广东省主要江河水文监测能力提升项目实施方案》项目立项审批程序，并与省应急管理厅、省气象局联合编制《广东推进村村自动雨量（气象）站建设项目实施方案》，通过该项目建设，将补齐广东省全省19600个行政村的水文气象监测短板。重庆市组织完成市级水文站自动化升级改造项目前期工作，项目可行性研究报告获市发展改革委批复。

二、中央投资计划管理

2020年，国家发展改革委和水利部下达全国水文基础设施建设中央预算内投资计划8.4亿元，其中中央投资6.2亿元、地方投资2.2亿元，包括大江大河水文监测系统、水资源监测能力建设、跨界河流水文站网建设、水文实验站建设、墒情监测建设等项目，年度项目建设任务涵盖7个流域管理机构和17个省（自治区）的水文站、水位站、墒情站、水文实验站以及水文巡测基地、水质监测（分）中心基础设施建设和仪器设备购置等内容。各地加快实施项目建设、强化项目组织管理，完成了240余处水文测站、水文监测中心提档升级，超额完成水利部年度督办任务。根据2011—2020年全国水文基本建设项目全口径投资统计，"十二五"

和"十三五"期间，全国水文基本建设累计安排投资超过 250 亿元，投资成效显著。

地方水文基础设施建设投入不断加大。山东省 2020 年共安排地方资金 2.2 亿元用于重点水利工程水文设施建设，其中，小清河防洪综合治理水文设施工程下达投资 4000 万元，山东省水文设施建设工程下达投资 18000 万元。浙江省针对防汛防台工作中暴露出的问题，进一步补齐水文短板，提升水文测报和信息服务自动化、智能化水平，实施"水文补短板工程"，2020 年水利厅下达水文防汛"5+1"工程建设计划，通过多渠道筹措资金，项目投资 3.76 亿元，涉及全省 11 个地市的 3489 个水文测站新建、改造项目，包括新改建水文站 83 处、水位站 1110 处，新增和改建通信双保障站点 251 处、行政交界断面监测站 54 处、人工水尺 420 个、遥测终端备份 200 个，对 506 处重要站点实现卫星电话、应急电源、望远镜、强力手电筒"四增配"，865 处重要水文（水位）站实现双采集、双终端、双信道的三个"双保障"；省水文管理中心还通过直属水文站示范工程建设，落实项目投资 1172.3 万元。福建省水文部门配合福建省九龙江北溪水资源调配中心建设，开发九龙江流域水文水资源监测预报预警系统，一期项目投资为 1849.6 万元，将在九龙江流域实现水文监测站点全覆盖和监测要素全自动、水资源水生态分析评估自动化和预测预报自动化，以及洪水预报预警自动化。江西省投资 2000 万元，用于鄱阳湖水文生态监测研究基地二期建设工程。广西壮族自治区争取到自治区乡村振兴（水文基础设施）补助资金 1000 万元用于开展水文巡测站技术改造工程建设，拓宽了水文项目建设投资渠道。四川省安排地方投资 3374.08 万元，用于水资源管理系统、水文技术档案信息化建设项目、"预报调度系统开发"和"省级平台升级完善"、年度水文水毁修复项目建设。

三、项目建设管理

1. 规范项目建设程序

全国水文系统依据国家基本建设有关制度规定和水利部《水文基础设施项

目建设管理办法》、《水文设施工程施工规程》（SL 649—2014）等管理办法和技术规程，加强项目建设管理，结合水文项目建设特点，规范完善项目管理、财务管理、合同管理、质量管理、验收管理等规章制度，确保项目从立项、设计、招标、实施全过程的规范化、制度化和程序化。长江委针对受疫情影响建设工期严重滞后、建设任务繁重的实际情况，提前谋划部署，积极落实基建项目的规范化、精细化管理，严格基建程序，规范管理流程，顺利完成年度基建项目建设。北京市制定《固定资产管理办法》《专项资金管理办法》《大额资金使用管理办法》等财务制度，使财务管理工作有章可循，提高了资金使用的安全性，制定《合同管理办法》《采购及购买服务比选管理办法》等，为项目的实施做好制度保障工作。天津市印发采购管理办法，实施应招尽招的原则，对全市各项水文项目的采购计划、采购程序进行明确规定，强化工程建设采购工作的规范化，同时修订完善有关合同管理办法，严格执行合同审批流程，加强合同验收把关，为工程项目的实施提供了制度保障。黑龙江省修改完善《黑龙江省水文系统合同管理制度》《黑龙江省水文系统建设项目管理制度》和《黑龙江省水文基本建设项目建设管理组织机构与制度》，使之更加切合水文基本建设工程实际，更具科学性和可操作性。上海市制定出台《上海市水文总站工程建设管理办法》，对于进一步加强和规范本单位水文基础设施工程建设项目的管理，保障水文基础设施工程建设的安全与质量具有较好的促进作用。

2. 加强项目建设指导监督

水利部水文司加强项目建设政策指导和进度监督，印发《关于切实加快水文项目建设进度的通知》《关于开展 2020 年水文基础设施建设中央投资计划情况督导检查的通知》，组织流域管理机构对水文基础设施建设进度滞后的省份开展督导检查，要求各地足额配套地方资金，加快建设进度，严格按批复方案组织实施项目建设，有力推进了项目建设进度。各地水文部门克服建设管理任务繁重、疫情形势严峻、投资计划下达滞后等不利因素，及时调整工作思路，坚持抓好项目法人责任制、招标投标制、工程监理制、合同管理制的落实，对建设方采取"质量抽检""现场督查""提醒约谈"等措施，保障项目顺利建设实施。黄委持续加大监督检查力度，确保工程质量与安全，分别派出检查组，对下属单位有关建设项目的内业资料、施工质量和施工安全等开展监督检查，组织召开黄河水文工程质量与安全管理暨项目建设推进会，系统梳理检查发现问题，深入剖析根源，有针对性地提出整改要求和解决方案。

3. 做好项目验收管理

按照水利部《水文设施工程验收管理办法》和《水文设施工程验收规程》，各地结合年度建设任务和项目实施进度，认真制定项目验收工作计划，及时做好项目竣工验收准备，加快开展项目验收工作。黄委报请水利部批准，首次授权黄委水文局组织开展分批次竣工验收，为工程整体竣工验收做好顶层设计，12 月 28 日完成了黄委大江大河（一期）工程第一个子项目的竣工验收。海委完成大江大河水文监测系统建设工程（一期）漳卫南局建设项目的竣工验收。太湖局完成太湖流域水资源监控与保护预警系统项目竣工验收。湖北省完成中小河流水文监测系统建设项目建设竣工验收工作（图 3-2）。云南省顺利完成水资源监测能力（一期）建设项目、大江大河水文监测系统（一期）建设项目、

图 3-2　12 月 8 日湖北省中小河流水文监测系统建设项目在武汉通过竣工验收

跨界水文站网第三期建设等三个项目的竣工验收工作。贵州省完成大江大河水文监测（二期）建设工程、遵义市高桥水文实验站建设等项目竣工验收。宁夏回族自治区完成中小河流非工程措施建设项目等的竣工验收，同时加大力度推进中小河流水文监测系统等项目竣工验收，力争全面完成各项目验收工作。

4. 运行维护费落实情况

各地水文部门积极落实水文运行维护经费，做好水文监测信息采集、传输、整理和水文测验设施维修检定等工作，保障水文行业基础设施运行管理。2020年，中央直属单位落实水文测报经费2.3亿元、水文水资源监测项目经费1.8亿元。内蒙古自治区水利厅加大水文经费保障力度，水文运行维护费投入达2090万元。辽宁省全年落实水文运行维护经费7761.4万元。吉林省财政部门继续加大对水文部门的经费支持，运行维护费较2019年增加18.3%。黑龙江省本年度用于水文运行维护工作的业务经费共计2183万元。江苏省制订了《2020年度省级水文维修养护项目实施方案》并及时向财政厅报批，全年共下达经费4500万元。浙江省2020年度用于水文运行维护工作的业务经费4840万元，其中省级财政资金投入1560万元，地方市县财政资金投入3280万元。江西省2020年度全省水文运行维护工作的业务经费总计3180万元，其中3000万元用于国家基本水文测站和中小河流水文监测系统等水文设施运行维护经费，180万元用于鄱阳湖水文生态监测研究基地运行维护，此外，全省各地投入山洪灾害防治项目建设的监测站点运行维护经费约800万元。广东省水文系统部门预算运转性项目财政拨款预算批复数达9178万元，其他资金安排达4185万元。贵州省在省财政资金整体紧缺的情况下，争取到中小河流和大江大河等一批水文新建项目的预算追加，全年省级财政预算下达运行维护费2655.91万元。甘肃省首次将水文运行维护费200万元纳入省级财政预算，年内追加投入300万元。

各地水文部门结合工作实际，采用多种渠道积极争取中小河流水文监测系统建设建成的水文测站的运行维护费，山西省 2020 年中小河流水文监测系统建成后新增的水文监测站点落实水文运行维护费 350 万元。福建省通过中小河流水文监测系统建设建成的监测站点自 2018 年投入运行以来，在省水利厅的大力支持下，运行维护费已列入财政预算并逐年增加，2020 年落实 2000 万元。重庆市各区县（自治县）每年落实中小河流水文监测系统运行维护经费约 5000 万元。

第四部分

水文站网管理篇

2020 年，全国水文系统围绕新发展阶段各项目标任务，优化调整水文站网布局，持续完善测站整体功能，进一步规范水文测站管理工作，为各项水文工作开展奠定坚实基础。

一、水文站网发展

截至 2020 年年底，按独立水文测站统计，全国水文系统共有各类水文测站 119914 处，包括国家基本水文站 3265 处、专用水文站 4492 处、水位站 16068 处、雨量站 53392 处、蒸发站 8 处、地下水站 27448 处、水质站 10962 处、墒情站 4218 处、实验站 61 处。其中，向县级以上水行政主管部门报送水文信息的各类水文测站 71177 处，可发布预报站 2608 处，可发布预警站 2294 处。初步建立了覆盖中央、流域、省、地市四级的国家地下水监测体系，进一步完善了由中央、流域、省级和地市级共 336 个水质监测（分）中心和水质站（断面）组成的水质监测体系。"十三五"期间，随着中小河流水文监测系统、山洪灾害防治及国家防汛抗旱指挥系统、水资源监测能力建设、国家地下水监测工程等专项工程建设完成和水文测站投入运行，基本实现了对大江大河及其主要支流、有防洪任务的中小河流水文监测的全面覆盖。

国家基本水文站共有 3265 处，作为骨干站网保持稳定发展。一年来，各地依照审批程序将一批符合条件的专用水文测站调整为国家基本水文测站，调整充实了国家基本水文站网。随着中小河流水文监测系统等专项工程建设的水文测站投入使用，专用水文站近几年持续增加，达 4492 处。2020 年，浙江等地新建了一批专用水位站，全国水文系统水位站总数达 16068 处。

截至 2020 年年底，水文部门有地下水站 27448 处，其中，浅层地下水站 22545 处、深层地下水站 4903 处，人工监测站 11882 处、自动监测站 15566 处，自动监测站较上一年增加 2438 处，自动化监测水平逐步提升。同时，随着国家地下水监测工程建设的 10298 处地下水站全面运行，部分地方相应的人工监测地下水站被取代，地下水站网进一步优化调整，初步建立了覆盖中央、流域、省、地市四级的国家地下水监测体系，监测范围覆盖到全国主要平原区和 16 个主要水文地质单元，实现了对我国主要平原、盆地和岩溶山区地下水动态的有效监控。

水文部门着眼水资源水生态水环境新需求，加强对水质监测站网的优化调整。按观测项目类别统计，全国水文系统开展地表水水质监测的测站（断面）有 12211 处，开展水生态监测的测站（断面）有 545 处，开展地下水水质监测的测站有 11742 处，水质监测（分）中心共 336 个，由中央、流域、省级和地市级水质监测（分）中心和水质站（断面）组成的水质监测体系不断完善，监测范围覆盖全国主要江河湖库和地下水、重要饮用水水源地、行政区界水体等。水质在线自动监测稳步发展，现有地表水水质自动监测站 450 处，地下水水质自动监测站 109 处。自动监测项目包括溶解氧、浊度、氨氮、高锰酸盐指数、化学需氧量等。

"十三五"期间，全国水文系统持续加快水文现代化建设，改进监测手段和方法，推进水文技术装备提档升级，实施水文要素在线监测、自动监测，以先进声、光、电技术，在线监测手段和在线测流系统，视频监控系统，激光粒度分析仪，无人机等现代技术装备推广应用为重点，更新配置了一批新技术新仪器，水文基础设施陈旧落后的局面初步扭转。目前，雨量、水位、土壤墒情基本实现自动监测，近 34% 的水文站实现流量自动监测，超过 50% 的地下水站实现自动监测。

水文自动化、现代化建设稳步推进，各地水文部门现有 2066 处测站配备在线测流系统，4464 处测站配备视频监控系统，无人机、多波束测深仪、双频回声仪等先进装备在水文应急监测中发挥了积极作用，并逐渐应用到日常水文测量和水文测验中。

二、站网管理工作

1. 强化站网基础

按照鄂竟平部长 2020 年全国水利工作会议提出的"健全水资源监测体系，以黄河干支流重要断面、重点取退水口、地下水水位作为主要监测对象，分析监测需求，优化监测站网和设施布局，提升动态监测能力，尽快实现黄河流域内重要断面、规模以上地表取退水口和地下水取水井全覆盖"要求，水利部办公厅印发《黄河流域重要断面、重点取退水口、地下水监测站网评价与调整工作方案》（办水文〔2020〕130号）。水利部水文司组织黄委以及黄河流域青海、四川、甘肃、宁夏、内蒙古、陕西、山西、河南、山东 9 省（自治区），按照工作方案，调研摸底黄河流域水文监测站网、取退水口和地下水取水井的数量、分布、监测运行及变化情况，从控制流域水文情势、支撑水灾害防御、水资源管理和水生态保护等方面分析监测需求，开展流域内的水文站网评价，提出了水文水资源监测站网优化调整方案，进一步优化监测站网和设施布局，并由黄委水文局编制完成《黄河流域重要断面、重点取退水口、地下水监测站网评价与调整方案报告》。通过本项工作，初步摸清了黄河流域监测站网家底。

各地水文部门围绕新发展阶段经济社会发展需求，强化站网基础工作，做好站网布局的顶层设计，按照水文现代化建设规划近期和远期目标，对水文站网进行补充调整。同时，水利部水文司也多次对各地水文站网开展了调研（图4-1）。

（a）水利部水文司一级巡视员束庆鹏在　　　　（b）水利部水文司副司长李兴学在
云南省允景洪水文站调研　　　　　　　　　黄委花园口水文站调研

图 4-1　水利部水文司调研水文监测站网

松辽委 2014—2020 年先后在省界断面建设了 12 处水文站，其中第三期建设的白沙滩水文站、牛头山水文站、林家村水文站、四家水文站等 4 处水文站于 2020 年通过竣工验收，截至 2020 年年底 12 处省界断面水文站全部通过竣工验收并开展监测。太湖局在《太湖局水文现代化建设规划》框架下，进一步完善站网管理体系，依托太湖流域水资源监控与保护预警系统项目，持续加强站网建设，重点强化太湖流域重要河湖和省界断面监测能力。北京市编制《北京市"十四五"时期水文发展规划》《北京市水文总站生态补偿断面监测断面建设实施方案》《北京市城市河湖水情测报能力提升实施方案》，实现全市流域面积大于 50km^2 的重点河道水文监测全覆盖，保障城市重要河道生态流量监测和流域水资源生态安全，为城市防洪运行和水旱灾害防御及防汛减灾提供科学决策依据。内蒙古自治区完成《自治区水文测验管理方式改革实施方案》和《自治区水文现代化规划》的修编工作。上海市编制完成《水文监测站网规划（2017—2035）》，补充完善了有关水文站网功能和布局。江苏省编制完成《地下水水文站网规划》，分类分区提出了地下水监测站规划成果。湖南省完成湖南省水文现代化建设规划水文站网规划内容编制，面向江河湖泊、水资源、水利工程、水土保持等监管工作需求，实现大江大河和有重点防洪任务的中小河流、小型水库等水文监测全覆盖，补齐行政区界、供水水源地等水量、水质、水生态监测站点，扩大重点区域、重要城市水文站网覆盖范围。广东省编制完成广东省水文现代化建设规划，开展中小河流监测站网补充项目的方案研究。广西壮族自治区完成"十四五"广西水文站网规划，规划改造 77 处中心水文站巡测基地和 13 处自治区和地市级应急能力建设，选择地方需求迫切的山洪易涝区、旅游风景区、生态流量考核断面等，规划建设水文测站 3514 处。西藏自治区开展《西藏自治区水文站网专项规划》编制工作，分析研究符合西藏实际情况，基本满足社会经济发展、生态环境保护、水资源开发利用管理需求的水文站网。陕西省编制《陕西省水文现代化建设规划》，规划 2021—2025 年新建改造水文站 185 处、水位站 57 处、降水量站 1837 处，开展了"陕西省水文水资源站网完善规划布局与功能研究"课题，2020 年完成全省各类水文站网现状普查和统计工作。青海省初步编制完成达到全覆盖（水库全覆盖、乡镇全覆盖、200km^2 以上交通可达河流全覆盖）的全省雨量站网布设方案。

黄委组织人员补充完善各类水文测站基本信息，并对水文站网统计数据进行核对确认，开展对所属国家基本水文站的功能评价，评价成果运用到"一站一策"方案编制中。黄委宁蒙水文水资源局、中游水文水资源局、河南水文水资源局驻巡结合方案得到批复，为推进"驻巡结合，以巡为主"的测验方式改革迈出重要一步。浙江省编制《结合环湖大堤（浙江段）后续等工程建设措施健全出入太湖水量水质监测体系工作方案》《富春江电站以上干流水文监测建设方案》《杭嘉湖平原南排水文监测建设方案》等水文监测提升方案，部署落实区域和重要河段水文监测任务。重庆市编制完成《重庆市水文站网分级管理研究报告》，服务水资源管理、防汛抗旱、河长制实施等方面工作。四川省积极开展水文站网分析和优化调整工作，对前期中小河流水文监测系统建设的监测站与国家基本水文站之间重复布设的不合理站点进行优化调整和补充完善。贵州省制定《关于促进水文高质量发展的意见》，编制《贵州省水文站网功能复核工作大纲》，组织实施全省水文系基本水文站功能复核工作，于2020年年底完成全省517处水文（位）站的功能复核，形成水文站网功能复核与评价成果，提出了水文站调整方案与具体名录，并计划于2021年内开展贵州省水文部门和水利系统非水文部门建设的雨量站进行普调，为全省站网功能调整提供支撑。云南省为全面提高监测站网对防汛减灾决策支撑能力，弥补现有监测站网不足，全省已完成854个应急监测断面的设立及相关资料收集分析整理，进行动态管理，编制完成《云南省六大水系干流及部分主要支流水文应急监测断面成果》专册。

2. 规范测站管理

为加强水文测站管理，强化站网整体功能，加快推进符合条件的专用水文测站纳入国家基本水文站网管理。9月，水利部水文司印发通知，部署开展有关专用水文测站纳入国家基本水文站网管理工作，各地水文部门按要求组织对水文测站进行分析论证，积极推进部分专用水文测站纳入国家基本水文测站管理。内蒙古、江苏、浙江、安徽、江西、山东、广西、四川、云南等省（自治区）共有166处专用水文测站转为基本水文测站，充实了国家基本水文站网，进一步完善了站网整体功能。

一年来，山西、内蒙古、江苏、山东、广西、云南等省（自治区）水文部门加强水文测站管理相关制度建设。山西省进一步完善职工学习、考勤请假、值班管理以及水文测站站容站貌、固定资产等管理制度，制定完善测站人才培养、测站业务考核以及水文站测报整编质量评定办法等。内蒙古自治区研究制定《内蒙古自治区水文测站管理制度（试行）》，分别就测站管理、考勤请假、安全生产、财务管理、测报设施设备管理、资料管理、业务管理等制度进行细化，确保水文测站管理的可操作性。江苏省编制水文测站千分制考核管理办法，从组织、安全、运行、经济管理等四个方面规划水文测站管理考核新方法，出台了《江苏省地下水自动监测站运行管理办法》，规范测站运行维护和管理工作。山东省制定《山东省地下水水文资料整编管理办法》和《山东省地下水监测站编码办法》，实行地下水资料整编日清月结，并将地下水测站编码细化到县级行政区，推进全省地下水站分级管理。广西壮族自治区制定《国家地下水监测工程（广西水利部分）运行维护监督管理暂行办法》，同时按照自治区人民政府《关于加快推进江河湖库管理范围划定工作的通知》（桂政办发〔2019〕34号）和广西壮族自治区河长制办公室《关于印发广西江河湖库管理范围划定指导意见（试行）的通知》（桂河长办〔2019〕45号），对集水面积50km² 以上河流的水文（位）站水文监测环境保护范围进行划定，划定成果已向社会公告实施。云南省编制印发《云南省水文测站规范化管理办法》，强化测站规范化管理，完成水文监测环境保护范围确权定界，全省437个水文（位）站所在县（区、市）人民政府发布了划定水文监测环境和设施保护范围的公告（通告），完成率达100%。

黄委、太湖局、北京、内蒙古、江苏、江西、湖北、广东、广西、重庆、四川、西藏、宁夏、新疆等流域管理机构和省（自治区、直辖市）水文部门持续推进水文测站标准化建设和管理创建工作。黄委依照《水文数据库表结构及标识符》（SL/T 324—2019），积极开展国家水文数据库建设前期准备工作，对水文局基础水文数据库存储数据进行检查和更新。太湖局加强对已建水文站网的规范化管理，强化测站监督检查，结合汛前检查对太湖局所辖全部水文测站进行运行管理自查以及部分重点测站的抽查工作。北京市开展水文测站标准化建设，在部分水文站安装电子显示屏、控制器及相应的软件，展示所在流域和区域的地形图、上下游站点标注、各类实时水文数据、报警信息等，在测验断面装备视频监控，实时监测水流动态，安装水文测站标识牌、标志桩和测站管理制度模板，完善水文站测验设施不足问题。内蒙古自治区严格执行水文测报制度，建立健全水文测报档案日志，规范水文测站各类图表示例，切实规范好点、桩、标、牌等水文标识和监测仪器维护、水雨情记录、安全生产检查等事项的档案日志，制定完善考勤制度、观测校核制度和奖惩制度等。江苏省编制水文测站操作手册、县级水文监测中心工作手册，实现水文测站精细管理的有章可循，组织制作完成水文测站二维码不锈钢标志牌，配发到水文测站并统一张贴在指定位置，提升水文测站形象。江西省构建国家基本水文站标准化管理评价体系，实行"一站一表"管理，全面完成江西省119处国家基本水文站标准化管理创建工作，有力提升了水文测站标准化、规范化、科学化管理水平。湖北省针对水文测站管理中存在的问题，广泛开展以"干净、整洁、有序、美观"为目标的清洁行动和文明创建活动，测站职工的精气神得到普遍提升。广东省为抓好《广东省水文测站管理办法》制度的落实落地，组织全省各水文分局分4个检查组对水文测站进行交叉检查评分，有力促进了水文测站管理水平的提高。广西壮族自治区在已有76个县域水文中心站基础上，增设隆林水文中心站，进一步发挥县域水文信息枢纽、会商平台、服务桥头堡作用，同时，持续深化基层水文测验改革，水文监测、校测、比测分析率以及成果应用率水平进一步提升。重庆市编制完成《重庆市水文站网分级管理研究报告》，充分发挥水文站网功能和作用，有效服务于水资源管理、防汛抗旱、河长制等工作。四川省组织开展全省"一站一策"技术方案编制和评审，对141个国家基本水文站逐站进行梳理，提出有针对性的监测方案和措施，着力提升水文站网的监测能力。西藏自治区修订《西藏水文管理制度读本》，进一步明确国家基本水文站的职责，从日常学习、办公、请假、测站卫生、仪器设备管理以及水文监测、水文情报等方面提出具体要求。宁夏回族自治区修订完善《测验任务书》，重点突出新设备与新技术应用，细化量化水文监测任务检查评定指标，统一制作并印发《水文站设施设备维护及安全生产工作记录一本通》《巡测队设施设备维护及安全生产工作记录一本通》，进一步提高了水文监测工作规范化、制度化水平。新疆维吾尔自治区补充完善水文测站各项管理制度，编制完成《新疆水文测站标准化建设和规范化管理指导性意见（征求意见稿）》《新疆水文资料使用管理指导性意见》等项工作。

3. 推进水文站网管理系统建设

各地持续推进水文站网管理系统建设，不断提高测站管理的时效性。太湖局不断更新完善太湖局水文站网管理系统，实现站网管理的信息化和可视化，进一步提升了站网管理水平。北京市建成水文集中展示平台系统、水文自动化系统、水文巡测系统、历史数据系统，实现了实时数据自动采集传输存储展示，历史数据存储管理等业务功能。辽宁省水文站网管理系统投入运行，促进了水文数据资源的共享，提升了对外服务能力，并通过水文站网管理系统将有关基础水文信息以及实时水文信息在公共网络平台展示，面向全社会提供服务，同时实现水文站网、水文设备设施仪器、水文监测方案、水文基础资料等基础信息在全省水文系统内共享。江苏省大力推进"江苏省水文测站管理系统"应用，开发水文测站信息查询APP，实现了对5123个水文测站基础信息的实时查询，提升了水文测站信息化管理水平和能力。浙江省开发浙江省江河湖库水雨情监测在线分析服务平台，实现站网管理、水文监测、预警预报、资料在线整编、通信保障一站式管理，目前已初步开发完成测站基础信息管理、水文监测管理、水文统计管理等功能模块并投入试运行。安徽省水文站网管理系统建成投入使用，实现了对水文测站基础信息、矢量地图操作、水位－流量过程线和关系线绘制、流量和泥沙在线监测管理等功能，改变了长期以来水文站网和水文测验管理工作被动的局面。江西省水文站网管理系统于2020年1月投入试运行，作为全省统一的水文站网基础数据管理平台，系统涵盖站网地图、测站查询、资料维护、站网审批、水文统计、系统管理等功能，2021年启用测站审批功能。山东省自主设计开发地下水资料整编系统，新增资料整编日清月结、远程专家会商、远程专家审核、质量分级评定等省市县三级管理功能，提高了水文资料整编质量和时效性。湖南省升级完善湖南水文监测综合管理系统的站网管理模块，更新维护系统数据信息，实现了对水位、泥沙、降水、蒸发、水质等水文数据信息的有效管理，对规划站网、现有站网、历史站网的信息检索。海南省陆续开发"海南省水文遥测信息处理系统软件""海南省水文资料管理系统软件"和"海南国家基础水文数据库管理系统"等一系列水文站网信息管理软件，使水文站网信息得到有效管理，水文资料整编效率也有所提高。广东省完成水文监测综合管理平台一期开发任务，实现了水文监测信息的实时动态管理，进一步提高了水文监测时效性和自动化管理水平，解放了基层职工的生产力。宁夏回族自治区不断完善水文业务系统，实现了传输数据云集成，即雨情、水情、旱情等各类信息的接收处理、存储交换、业务应用一体化和数据共享信息化，为水资源调度管理部门和渠道管理部门等提供实时共享监测数据；持续提升数据整编信息化水平，实现了水文监测资料互联网云平台录入、存储、计算、数据分析处理、合理性检查和形成整编数据源的全业务流程信息化。

第五部分

水文监测管理篇

2020 年是"十三五"收官之年，全国水文系统深入贯彻党中央国务院决策部署和水利工作要求，推动新技术装备配备和应用，加快水文测站和监测手段提档升级，全面提升水文现代化水平，国产化应用取得积极进展。面对新冠肺炎疫情与江河罕见汛情，水文部门凝心聚力、真抓实干，在扎实做好水文测报工作的同时，持续开展水文资料"及时整编，日清月结"，巩固水文资料整编改革成果，运用现代化技术手段进一步提高水文资料整编成果和实效。水文部门认真开展安全生产学习，强化安全生产红线意识和底线思维，筑牢安全生产防线，高质量完成全年水文监测及突发水事件应急测报工作。

一、水文测报工作

1. 汛前准备充分，监督检查力度大

水利部副部长叶建春在 2020 年全国水文工作视频会议上，就水旱灾害防御水文测报工作进行专门部署，要求各级水文部门始终坚持以人民为中心，立足于防大汛，做细做实汛前准备，优化完善测报方案，强化水雨情信息报送，抓好监测预报预警，全力以赴做好防汛抗旱水文测报工作，最大程度降低水旱灾害损失。3 月，水利部办公厅印发《关于做好 2020 年水文测报汛前准备工作的通知》，部署开展汛前准备工作，要求提高风险意识，细化措施统筹安排疫情防控和水文测报汛前准备工作，确保汛期水文测报工作正常开展。各地加强组织领导，认真研究解决水文测报工作存在的问题，汛前共派出 1265 个检查组次，现场检查 9743 处各类水文测站，落实资金及时修复水

毁设施设备，抓紧对水文测报设施设备进行全面检查和维修保养。各级水文部门扎实做好汛前准备各项工作，编制完善超标准洪水测报方案，升级更新业务系统，组织实战化演练和业务技术培训，持续创新水文测验方式，加大巡测和新技术应用力度，把已装备的新技术装备作为主要测验手段，做到"早布置、早落实，有计划、有措施、有检查、有整改、有成效"。各地结合汛前准备进一步明确安全生产责任，切实采取有效措施，确保水文测报安全生产和成果质量。

为贯彻落实"水利工程补短板、水利行业强监管"的水利改革发展主基调，水利部加大水文领域的监管力度，组织开展"水文测报监督检查"。3月，水利部水文司印发《关于开展国家基本水文站自查工作的通知》，部署对国家基本水文站的组织管理、设备运行、测报工作和安全生产等情况进行全面自查，发现问题，及时整改，先后派出30个检查组92人次，以暗访方式对7个流域和30个省（自治区、直辖市）的203处水文站进行检查（图5-1），共发现971个问题。现场检查结束后，以"一单位一单"方式印发整改通知，指导督促做好整改落实工作。各地直面问题，对照问题清单逐项落实整改措施，并按要求及时反馈整改落实情况。通过监督检查，有效查改了水文测验存在的突出

图5-1　4月27日水利部水文司专家组检查广西壮族自治区贵港水文中心站

问题，增强了广大职工水文测报业务技能，推动了水文新技术装备的配备与应用，对做好水文测报工作起到了积极的促进作用。

2. 精心组织水文测报，服务防汛抗旱成效显著

2020年，我国遭遇1998年以来最严重的汛情，全年降水区域和降水时段集中，暴雨极端性强，长江中下游等地梅雨期及梅雨量均为历史之最，多次引发暴雨洪水过程，带来严峻的防汛形势。全国水文系统认真贯彻落实习近平总书记关于防汛救灾工作的重要指示和李克强总理批示精神，贯彻落实水利部党组工作部署要求，始终把防汛减灾水文测报作为义不容辞的职责，积极克服疫情影响，高度关注主汛期天气形势和雨水情变化，立足监测预报预警、聚焦防范超标准洪水，全力以赴做好水文测报工作。

水利部水文司会同水文水资源监测预报中心分流域片与各流域管理机构和省（自治区、直辖市）水文部门进行视频连线，结合各流域片汛前准备工作进展和存在的主要问题，督促落实汛前准备各项工作，并多次到各地调研水文监测预报预警工作（图5-2）。专门与受疫情影响较大的长江委水文局视频连线，研究解决其在备汛工作中遇到的问题。各地水文部门密切注视水雨情变化，加密监测，完整记录降雨、洪水过程，为各级防汛抗旱指挥调度决策及时提供测报信息，全年采集雨水情信息22.9亿条，汛期抢测洪水1.3

（a）水利部水文司一级巡视员张文胜在浙江省
调研中小水库水文监测预报预警

（b）水利部水文司副司长魏新平在江西省
调研水文监测预报预警

图5-2　水利部水文司调研水文监测预报

万余场次，发布洪水作业预报超过48.2万站次，发送水情预警短信8463万条，开展长江上游水库群联合调度预报，提出调度建议321次，水文预测预报预警工作再立新功。水利部水文水资源监测预报中心系统梳理大江大河超标准洪水防御"作战图"重要断面洪水预报方案，成立了七大流域水文预报专班，在洪水关键期，每天开展滚动预报并与中国气象局和流域、省级水文部门会商2～3次，预报总体优良率达到85%，关键预报精准可靠，有力支撑了防洪调度科学决策。长江委水文局通过开展精细化预报服务，协同编制长江上中游水库群实时预报调度方案，加密监测预报频次，为开展三峡水库等水库群联合拦洪削峰、错峰及防洪补偿调度提供了强有力的技术支撑，有效支持长江流域洪水防御工作。6月22日，长江上游支流綦江遭遇1940年以来最大洪水，重庆市水文部门提前8小时发布重庆市首个綦江洪水红色预警，为沿河10万余居民的紧急疏散争取宝贵的时间，在此次超历史洪灾中实现人员零伤亡。福建省水文部门升级改造洪水预报系统，使用气象降雨数值预报数据进行自动预报，将大江大河洪水预报预见期从原来的8～12小时提前到3～5天，并积极推进业务创新，针对中小河流开展洪水估报、水位涨幅预报，取得积极成效。

3. 强化安全生产意识，压实安全生产责任

各地水文部门认真履行安全生产主体责任和监管职责，落实各项水文安全生产工作。通过汛前检查、组织业务培训以及消防安全演练等方式，加大安全生产宣传教育培训力度，加强水文安全生产监查及事故隐患排查整治力度，强化水文职工安全生产红线意识。坚持生产一线必须配置完备的安全警示标识和安防救生设备，涉水和上船测流时必须穿救生衣，强调测验设备防雷和测船、缆道、巡测车等易发生危险的设施和危化物品的安全防护，有效排除各类安全隐患。一年来，水文测报工作未发生重大安全事故，安全生产形势保持稳定态势，为水文事业发展提供了良好环境。

二、水文应急监测

1. 开展水文应急监测演练

面临前所未有的突发疫情,各地水文部门结合实际,克服困难,做好疫情防控工作的同时,因地制宜组织开展形式多样、有针对性的水文应急演练,为科学有效应对各类暴雨洪水和突发水事件积累实战经验,提升水文应急响应和应急处置能力。

长江委水文局编制完成长江特大洪水水文应急测报预案,及时发布长江可能发生流域性大洪水的趋势预报,高质量完成长江 1954 年洪水调度推演,先后组织开展了 20 余次超标准洪水测报应急演练。黄委水文局黄河流域水文应急监测总队在伊洛夹滩、黄河西霞院河段演练模拟伊洛河突发局地强降雨,形成超标暴雨洪水并快速上涨,造成河堤溃口、涌出主河道形成漫滩,对伊洛夹滩的滩区群众造成威胁,有关方面组织处置险情的过程(图 5-3)。黄委水文局迅速派出应急监测队,开展应急通信、无人船 ADCP(声学多普勒流速剖面仪,简称"ADCP")测流、无人机测流、断面测量与水准测量等科目的演练,检验"以测补报"能力和联动机制效果。江苏省成立省水文应急监测领导小组,组建了省级水文应急监测队,在做好疫情防控的基础上,组织开展全省水文应急监测演练,21 个演练项目基本涵盖了全部的水文外业工作,集中展示了水文应急测

图 5-3 5 月 20 日黄委水文局在伊洛夹滩、黄河西霞院河段进行应急监测演练

报实战能力，以及应对超标准洪水的监测技术、传输能力和信息化水平等，演练科目之多、信息化手段应用面之广均是江苏水文历史上首次。

2. 做好突发水事件水文测报工作

在迎战台风极端天气和全国各类暴雨洪水过程中，各地水文部门超前部署、主动应对，积极应用无人机、ADCP、雷达波等先进装备开展应急监测，经受住了严峻考验，有力支撑了水旱灾害防御指挥决策，获得各级地方政府和部门的表彰。

2020 年"入梅"以来，长江、淮河、巢湖等流域全部发生严重汛情，安徽省水文部门面对"三线作战"的严峻汛情，坚持"人民至上、生命至上"，组织 11 支水文应急监测队协同配合、科学应对，圆满完成三江流域、淮河干流周边行蓄洪区、巢湖周边河流及圩区、戴家湖险情处置等水文应急监测任务，共出动监测任务 728 次，累计行程约 10 万 km，完成洪水调查 33 处，增设固定测报的水文站 2 处，报送水文应急监测成果 1685 份。7 月 20 日 8 点 31 分，按照国家防总指令，淮河王家坝闸第十六次开闸泄洪。为精准施测王家坝闸泄洪流量，安徽省水文应急监测队与阜阳市水文应急监测队协同配合，同步使用缆道走航式 ADCP、电波流速仪和无人机三种方式实测流量，测得泄洪流量 1560m³/s，第一时间为王家坝蒙洼蓄洪区管理调度提供关键数据。7 月 27 日夜 23 时，淮河干流姜唐湖行洪区北堤戴家湖闸出现险情，安徽省水文部门紧急抽调六安应急监测队前往现场抢测闸坝漏水流量，顺利完成抢测任务。7 月 27—29 日，戴家湖涵闸堵水围堰合龙，六安市水文应急监测队完成应急抢测任务 15 次，为险情处置提供了重要技术参考。

6 月 28 日 8 时，太湖发生 2020 年第 1 号洪水，太湖水位达到 3.80m，首次超过警戒水位，并呈继续上涨趋势。太湖局印发《关于做好 2020 年汛期及台风期间水文应急监测的通知》（太水文明电〔2020〕2 号），及时组织在望虞河沿线、太浦河沿线、太湖湖西地区等部分河流开展水文应急监测工作。至

8月14日太湖流域应急监测结束，共连续开展了为期48天的水文应急监测，涉及监测断面186处，获取监测数据3824组，编制应急简报48期，为太湖流域超标准洪水防御阻击战提供了坚实的决策依据。为指导协助地方做好新安江流域防汛工作，太湖局于7月上旬起组织水文应急监测队伍赴街口水文站和新安江电站水文站开展应急监测，其中街口水文站累计开展应急监测20天，新安江电站水文站累计开展应急监测11天，共获取监测数据250组，并积极做好与地方水文部门的监测数据共享工作，得到了地方政府和防汛指挥部门的高度赞扬。

7月7日，新安江水库自建成61年以来首次进行九孔全开泄洪，水库水位达到历史最高值108.45m，水库下游沿岸群众生命财产以及道路、桥梁、建筑安全等面临严峻考验。浙江省水文管理中心联合杭州市水文水资源监测中心先后奔赴建德市、富阳市、桐庐市等地开展水文应急测验（图5-4）。对紫金滩大桥、渡济大桥、柴埠大桥、窄溪大桥、东吴大桥、富春江第一大桥等6个水文监测断面逐一开展连续的水文应急监测，精确测得新安江水库九孔泄洪的洪水演进过程，用实时监测数据为富春江水库、新安江水库的调度提供了重要的科学依据。

图 5-4 7月7日，新安江水库九孔泄洪水文应急监测

疫情期间，为监控防范有关消毒剂以及废水给长江干流水质带来的负面影响，长江委组织开展了长江干流武汉段、南京段的水质应急监测，其中长江中游水文水资源勘测局在武汉段先后开展 4 次水体余氯应急监测及 2 次汉江水华监测，相关成果得到了上级部门认可。

三、水文监测管理

1. 加强新技术推广应用

4 月，水利部发布 2020 年度成熟适用水利科技成果推广清单，包括扫描式声学多普勒剖面流速系统和侧扫雷达测流系统等 2 类 5 项水文监测方面科技成果入选。7 月，水利部首次面向社会征集水文测报新技术装备，并于 11 月印发了《水文测报新技术装备推广目录》，指导推动水文新技术装备配备和应用。

各地水文部门大力推进新技术装备应用，加快水文测站和水文监测手段的提档升级，全面提升水文现代化水平。长江委以需求为导向，开展"一站一策"水文测站标准化和示范站建设，全年完成 39 个水文站的达标示范建设，总体覆盖率 33%。声学时差法和超高频雷达测流技术、侧向光学散射测沙技术等 3 项在线水文监测技术首次正式投产，国产激光粒度仪在荆江河段得到成功应用。长江委还集成民用雷达及摄影测量技术，首创开发了船载一体化水边测量三维系统，首次引进直升机机载激光雷达测绘技术进行水陆空一体化全息测量。黄委水文局基本实现 ADCP 在黄河干流水文站的全覆盖应用，同位素测沙仪在青铜峡水文站等 6 个水文站应用效果良好，流量、泥沙在线监测技术应用取得新突破。浙江省水文部门和中国铁塔股份有限公司合作成立水文 5G 创新应用联合实验室，共同探索 5G 技术在水文领域的创新应用。湖北省首批设立武汉市、宜昌市、黄冈市 3 家水文新仪器新设备应用与研究实验基地，助力水文新仪器适应性研究。宁夏回族自治区水文部门在引黄自流灌区通过钢桁架、索道、龙门架等多种形式建成引黄干渠流量自动在线监测系统 17 处，经比测分析已正式启用，实现了全部引黄干渠水量由人工监测向自动监测的转变。在规模较大的 60 处直接入黄排水渠，充分利用自动水位设备加强排水量监测。在贺兰山东麓重点防洪区大武口水文站、汝箕沟水文站，清水河泉眼山水文站，分别建成定点雷达自动在线监测系统；在苏峪口水文站建成定点雷达、侧扫雷达、视频测流等多种流量自动在线监测系统，改变了长期以来山洪河道上水文站以人工监测为主的状况。

2. 继续推进水文计量工作

全国水文系统持续推动水文计量工作。水利部组织梳理完善水文计量标准体系，纳入水利技术标准体系表，加强水文仪器现场校准方法研究和校准装备的重点研制工作。南京水利水文自动化研究所开展流速仪检定水槽检定方法的研究和规程的编制，开展 ADCP 实验室检定方法的研究和检定规程的编制，并依托国家重点专项"江河湖库水文要素在线监测技术与装备"研制了水位、雨量等现场校准装置，其中移动式雨量计校准仪在云南、内蒙古、浙江等省（自治区）已在现场和室内雨量计率定工作中广泛应用。各地水文部门积极做好流速仪、自记雨量计、水准仪、全站仪、全球定位系统（GPS）接收机等检测仪器检定工作，河北省全省已配备检定流速仪 795 架，自记雨量计 1745 台，水准仪、全站仪、GPS 等测绘仪器 210 台，有力保障了水文工作的顺利开展。

四、水文资料管理

1. 巩固水文资料整编改革成果

水利部修订完成《水文资料整编规范》（SL/T 247 —2020）和《水文年鉴汇编刊印规范》（SL/T 460—2020），进一步规范水文监测资料整编工作，促进资料利用，积极发挥水文服务国民经济和社会发展的支撑作用。

全国水文系统进一步巩固水文资料整编改革成果，按照"日清月结"资料整编改革要求，全面推进水文资料整编改革，在全国水文系统干部职工的共同努力下，全面及时完成 2020 年度全国水文资料整编任务，为水利行业监管各项指标制定和监督考核等方面工作提供了重要支撑。

针对 2020 年度水文资料整编工作，水利部水文司结合 5—7 月水文测站"水文测报监督检查"活动，对各地水文资料即时整编、"日清月结"情况进行了督促检查。12 月，水利部印发《水利部水文司关于做好 2020 年度全国水文资料整编工作的通知》（水文技函〔2020〕28 号），要求加强组织协调与业务指导，巩固改革成果，进一步提高水文资料整编成果和实效。长江委水文局开发完成水文资料在线整编系统并已正式投产，标志着水文资料整编工作由"日清月结"正式迈向"实时智能"。广西壮族自治区构建"广西水文云"平台和自治区 – 市 – 县三级水文计算机骨干网络，实施水文资料整编改革，建立"按月整编、季度审查、半年督查、11 月审线、年底复审"的水文资料整编工作新机制，推进水文资料在线整编和在线审查，同步形成国家基本水文站和专用站两类水文资料整编成果。宁夏回族自治区进一步完善"互联网＋测验整编"系统，持续推进水文综合业务系统测验整编平台的研发完善，实现了水文监测资料通过互联网云平台录入、存储、计算、数据分析处理、合理性检查和形成整编数据源的全业务流程的信息化。内蒙古自治区组织各地市（盟）水文水资源勘测局及相关单位进行广泛讨论和征求意见，制定了《内蒙古自治区水文资料整编改革实施方案》。

2. 水文资料使用管理

水文部门不断加强资料使用管理，充分运用水文资料做好服务工作，发挥水文服务社会作用。浙江省将水文资料查阅服务纳入省水利厅"最多跑一次"公共服务事项，2020 年完成浙江省政务服务网水文资料查阅服务 81 次，共向社会提供水文数据 819468 个、1245 站年、7907 页水文原始档案，服务满意率达到 100%。甘肃省依据《中华人民共和国水文条例》及有关政策法规，于 4 月制定印发《甘肃省水文资料使用管理办法（试行）》，进一步规范水文资料的使用管理,尤其是明确了对外提供水文资料的范围、流程、方式和权限等,全年累计向各级政府、科研院所、高校、设计院等单位无偿提供水文资料30余次。淮委水文局先后为有关企业事业单位、水利科研院校等多家单位提供约700MB的水文监测数据,为流域防汛抗旱、水利工程规划设计、水资源管理等提供了良好的数据支撑。

第六部分

水情气象服务篇

　　2020年，我国出现1998年以来最严重汛情，全国汛情呈现出降雨总量偏多、时空集中，大江大河洪水多发、量级大，超警河流数量多、历时长的特点。长江中下游梅雨期降水量达753.8mm，较常年偏多6.8成，为1961年以来最多。全国共发生21次编号洪水，长江、淮河、松花江、太湖洪水齐发，长江发生流域性大洪水，其中上游发生特大洪水，三峡水库出现建库以来最大入库流量75000m³/s；太湖发生历史第三高水位的流域性大洪水。全国有836条河流发生超警戒水位以上洪水，较多年平均偏多80%，其中269条河流超保证水位、78条河流超历史最高水位，长江上游支流綦江6月22日8小时内洪水涨幅高达10m。同时，西南、华北、东北地区相继发生旱情，部分地区旱涝急转。面对严峻的汛情旱情，全国水文系统提高政治站位，强化大局意识，抓实抓细工作，将水文监测预报预警作为汛期首要任务，狠抓预测预报能力水平提升，为水旱灾害防御提供了重要保障，最大限度地减轻了洪涝干旱灾害损失。

一、水情测报服务工作

1. 强化信息报送共享工作

　　各地积极落实报汛报旱任务，强化水库信息、统计类信息以及预报成果报送，加强报送信息的质量管理，雨水情信息报送能力和服务水平进一步提高。水利部在2019年《报汛报旱任务书》中首次增加洪水预报成果和中长期径流预测成果等报送任务，2020年进一步扩大预报成果报送站点数量，预报信息报送范围明显增加，洪水预报考核督导工作逐步加强。2020年，各地向水利部报送雨水情信息的报汛站数量达 11.25 万处（含山洪灾害项目等的报汛站点 6.07 万处），水利部共接收雨水情信息 18.84 亿份，其中汛期（6—9 月）7.70 亿份，较 2019 年分别增加 4 成和 8 成。其中，全国近 6000 处站点报送多年降水量均值，近 1700 处站点报送水位、流量年极值和多年旬、月均值，近 3600 座水库报送水库蓄水量均值等。松辽委、吉林、黑龙江、江苏、安徽等 14 家流域管理机构和省（自治区、直辖市）水文部门完成全部水文站点的特征值数据更新工作，并全部更新至 2019 年。

全国大中型水库基本实现水文信息报送全覆盖，并强化了中小水库水文信息报送工作。2020 年，全国报汛报旱的站点数量达 11.3 万处，其中水库报汛站增至 1.7 万处。安徽省加强中型水库入库流量报送工作，实现已建雨水情自动测报系统的小型水库入库信息全报送。广东省强化水库水文信息报送质量监控和发生"奇异报"信息的督促整改工作，大中型水库报送信息的缺报错报率从 15% 下降到 3% 以下。海南省加强小型水库实时信息报送工作，全省已有 1015 座小型水库报送实时水文信息。浙江省实现大、中型水库和重要小型水库全年逐小时信息报送。

全国土壤墒情信息报送工作顺利开展，在降水量、水库蓄水量和土壤墒情信息报送基础上，整合国家防汛抗旱指挥系统二期和国家地下水监测工程建设有关成果。全国有 2687 处墒情站报送土壤墒情信息，其中有 2009 处报送信息纳入土壤墒情信息报送督查考核。河南、江苏、湖北、吉林等 12 省（自治区、直辖市）水文部门整合 1350 处国家防汛抗旱指挥系统二期建设的自动墒情监测站，开展有关旱情视频监视、图像采集等旱象测报工作。淮委、河北、山西、安徽、浙江、江西等 12 家流域管理机构和省（自治区、直辖市）水文部门将地下水埋深信息纳入旱情测报工作。湖南省对 440 处监测站点的土壤参数进行率定校验；安徽省开发自动墒情监测数据过滤和修正功能；宁夏回族自治区开发墒情测报整编系统，对 25 处墒情站的历史墒情监测数据进行整编，确保数据信息准确可靠。

水文部门结合汛期工作实际，按照《水利部办公厅关于下达 2020 年报汛报旱任务的通知》（办防〔2020〕57 号），根据洪水发生发展加密监测频次，向各级防汛抗旱指挥部门加报有关水雨情信息。上海、浙江、福建、广东、广西、海南、江西、湖南等 8 省（自治区、直辖市）水文部门承担汛期台风影响期间 73 个水文断面的洪水预报任务，共发布针对台风影响的水情预报 6393 站次，平均每处水文断面发布 89 站次，预报成果均在 1 小时内完成并报送至水利部，圆满完成了台风影响期间应急水情预测预报工作任务。

2. 深化预测预报工作

水文部门继续推进中长期水文预测，水利部水文情报预报中心加强水文系统内以及相关行业之间的雨水情中长期联合会商，常态化组织开展汛期、梅雨期、盛夏期、"七下八上"关键期、秋汛期、今冬明春等阶段性预测会商，不断提高中长期定量化预测水平。江西省及时开展有关降雨洪水长期影响因子分析研究，超前预测本省北部河流可能发生的超历史洪水。海南省开发雨水情趋势预测软件系统，采用灰色系统预测、投影寻踪以及均生函数法等开展中长期水文预测。浙江省综合运用国内外气象预测成果和水文统计学方法，逐季、逐月分析雨水情趋势。上海市联合水文、气象、海洋等部门对汛期洪涝趋势进行会商研判。重庆市滚动开展年度洪旱趋势展望以及阶段性中长期预测预报分析服务。

为加强超标准洪水应对能力，水利部于 3 月召开水文情报预报工作视频会议，高度重视防范流域超标准特大洪水，完善超标准洪水作业预报体系，并组织各流域水文部门编制超标准洪水应对预案，总结七大流域历史典型洪水规律，修订完成黄河、海河流域洪水预报方案，修编流域性洪水划分标准，规范有关超标准洪水的定性和定量化标准。为破解海河流域洪水预测预报难题，海委立足流域下垫面变化剧烈的现实条件，探索提出切合海河流域实际、有效提高洪水预报精度的"以测补报"新思路，并积极推动实践运用，深入推进"以测补报"工作，编制《2020年超标准洪水水文测报预案》《海河流域应对超标准洪水水文测报措施》，强化汛期水文应急监测联动。长江委开展1981年长江上游洪水、1998年流域性大洪水、1954年流域性大洪水预报调度推演复盘，有力支撑了流域内水利工程群联合调度，保障了流域内防洪、供水、能源、生态安全。太湖局开展超标准洪水防御洪水预测预报分析反演，增强应对流域"黑天鹅"事件能力。北京市组织永定河防洪演练，利用生态补水有利条件，以演代战，切实提高防御永定河流域性大洪水的应对能力。

各地水文部门全面推进水文预报常态化工作，加强预报成果信息的报送。2020年，全国有35家单位共发布1937处水文站的作业预报48.89万站次，其中汛期（6—9月）发布1776处水文站作业预报27.9万站次。在长江、淮河、松花江、太湖等流域超标准洪水关键期的预测预报工作中，及时准确的水文情报预报为水旱灾害防御提供了重要支撑。长江委精准预报8月20日三峡水库将出现74000m³/s左右的入库洪峰，为三峡水库建库以来最大入库洪峰流量，预报误差仅1.3%，并提前4天预报中游莲花塘水文站水位将超出保证水位。7月8日，太湖局在降雨预报基本准确的前提下，提前10天准确预报出太湖流域将发生超标准洪水，并精准预报出7月15日太湖水位超过4.50m、7月17日太湖水位超过4.65m；针对各级政府关注的太湖水位发生超标准洪水的具体时间，7月16日早上提前24小时准确预报出太湖水位将在7月17日凌晨4—6时达到4.65m；7月20日降雨仍在持续，9时太湖水位已达到4.75m，太湖局预报太湖最高水位为4.78m（实际4.79m），不会发生流域性特大洪水，精准预报为各级防汛部门指挥决策提供了坚实的技术支撑。淮委在沂河临沂水文站建设的雷达波测流系统，实现每5分钟实时上报流量数据，大大提高了报汛的时效性，同时强化基础数据报送与监控服务，多渠道、多方式沟通协调信息报送情况，服务水平大幅提升，8月13—14日，受强降雨影响沂沭河水系发生大洪水，沂河发生 1960 年以来最大洪水，水文部门准确预报沂河临沂水文站 14 日洪峰流量达 11000m³/s，为有效应对流域大洪水提供了有力支撑。江西省在防汛关键期，综合三峡水库调度运用、洞庭湖与鄂东北洪水发展、大通江段退水、风浪影响等多方面因素，精雕细琢每一份鄱阳湖预报，7 月 8 日（提前 5 天）预报鄱阳湖星子站水位将超 22.00m；7 月 10 日（提前 3 天）预报鄱阳湖水位将超历史；在 7 月 12 日鄱阳湖星子站出现最高水位后，密切关注五河来水及长江干流情况，每天提供 4 次鄱阳湖退水滚动分析，分别提前 3 天、10 天、20 天超前预报鄱阳湖星子站水位退出 21.00m、20.00m、19.00m 的时间，精准的水文数据在防汛决策、抢险救援中发挥了关键作用。黑龙江省制作并发布洪水预报 140 站次，为各级决策指挥部门抗洪抢险提供了重要的技术支撑，特别是在"台风三连击"期间，提前 7 ～ 16 天发布大江大河干流重要站点嫩江江桥、松花江肇源、哈尔滨、依兰、佳木斯、富锦、黑龙江同江（黑龙江）、勤得利、抚远等水文站的水文预报，提前 14 天预报哈尔滨水文站将超过警戒水位。

2020 年，全国有 16 家单位开展洪水预报调度一体化试点工作，涉及 224 座骨干水利工程，为水利工程调度运用提供了科学支撑。水利部水文情报预报中心结合水工程防灾联合调度系统项目前期工作，在会商系统中集成预报调度一体化功能模块，实现了对长江上中游三峡至洞庭湖预报调度一体化会商汇报。长江委建成长江防洪预报调度系统，实现河库（湖）联动、有序连续演算的预报调度一体化，2020 年长江流域性大洪水期间，长江委通过水利部全国水情综合业务系统和长江水文网发布洪水预警各 35 次，"长江水情"APP 推送洪水预警信息达 2 万余人次，"长江水文"微信公众号发布洪水预警阅读量达 6 万人次，短信发布洪水预警达 3200 余条。海委开展漳卫河中下游河道及蓄滞洪区精细化洪水预报调度，支撑调度方案优化决策。太湖局开发流域预报调度一体化平台，实现数值天气预报、水文水动力模型、水生态模型等无缝耦合，大洪水期间滚动开展不同阶段流域洪水运动格局分析，全流域和七大水利分区降雨特征值的降雨频率、重现期和历史排位分析，超标调度期间骨干工程分洪水量分析，不同工况条件下太湖退水过程分析等。湖南建立资水流域洪水预报及洪水调度系统，有力支撑流域防洪调度指挥决策。

3. 规范和拓展水情预警发布

各地不断健全水情预警发布机制，推进江河湖库水情预警指标确定，拓展水情预警发布渠道和范围，加强水情预警信息的针对性，水情防灾减灾社会化公共服务水平逐步提升。水利部水文情报预报中心组织对水利行业技术标准《水情预警信号》（SL 758—2018）进行贯标学习，规范开展水情预警指标制定，完善水情预警汇集发布平台。截至 2020 年年底，全国有 7 个流域机构、24 个省（自治区、直辖市）出台有关水情预警管理办法及预警指标。2020 年，各地水文部门累计发布水情预警信息 1953 条，其中洪水预警 1947 条，枯水预警 6 条。

水文部门加强与相关行业之间的部门合作，充分利用电信运营商、微信公众号、广播电视媒体等信息发布渠道，打通水情预警工作的最后一公里，主动拓展城市洪涝、突发应急、在建工程、休闲旅游等方面的水文信息社会化服务，社会影响力不断凸显。在 2020 年部分江河超标准洪水防御期间，广东省结合工作实际开展风暴潮预报预警工作，及时向社会公众发布城市内涝积水信息。上海市依托突发事件预警信息发布管理系统，通过电台、电视、户外显示屏等媒介以及"企业号＋公众号＋新媒体"的社会化服务模式，向社会公众发布高潮位预警信号。广西壮族自治区在沿江重要乡镇、人口密集带、重要旅游休闲区等设立洪水预警标识牌，解决水情预警服务"最后一公里"问题。湖南省面向公众推广水文公众服务一张图，上线发布"水情专业预警预报"微信小程序，实时发布 26 类雨水情预测产品，用户超过 1.2 万多人。山东省建立应对突发洪水状况时的城市道路通行安全判定系统，构建马路行洪四色预警体系。云南省开展 137 个风景区、重要交通线沿边河流的水文情报预报预警工作。

4. 推进旱情信息监测报送

各地水文部门进一步强化旱情信息监测报送，加强中长期径流和墒情预测，推进旱情综合分析评估常态化，旱情一张图建设初步形成，抗旱业务基础和服务水平逐步提高。目前，全国已有 3630 座中型水库、3627 座小型水库实现向各级防汛抗旱指挥部门报送实时信息，其中中型水库报送率占应报水库数（3639 座）的 99%。全国墒情监测信息报送站点增至 2687 个，有 15 家单位报送率均达 100%，12 家单位整合国家防汛抗旱指挥系统二期建设的自动墒情监测站开展旱情视频监视、图像采集等旱象测报工作。各地持续推进旱情分析评估常态化，以水利一张图为基础，完善降雨量、土壤墒情、江河来水、水库蓄水以及农时作物等旱情信息服务产品，建设旱情一张图。

水利部持续推进旱情分析评估常态化，水利部水文情报预报中心与水旱灾害防御部门建立定期沟通会商机制，每周编制有关旱情分析材料，旱情服务针对性不断增强。淮委、河北、山西、内蒙古、辽宁、广西等 18 个流域管理机构和省（自治区、直辖市）水文部门初步实现旱情信息常态化服务。河北省建立墒情旬报、旱情发展期加密报及大中型水库逐日报等旱情监测分析常态化机制。吉林省开展春季墒情监测及旱情分析五日一测报，自动墒情监测逐日测报以及《墒情专报》《墒情快报》等旱情信息服务。陕西省在作物灌溉关键期，每旬开展旱情评估及未来发展趋势分析。浙江省确定了旱情预警九类指标，实现常态化报送雨水情、水库蓄水、可供水等信息，根据旱情发生发展适时启动旱情周报编报工作，分析研判旱情发展趋势。

二、水情业务技术工作

1. 完善水情业务标准规范

水文部门不断完善水文情报预报有关业务技术管理制度，结合水情业务工作流程，制定有关技术标准规范，形成工作合力。水利部水文情报预报中心开展《流域性洪水划分标准》《全国主要江河洪水编号规定》《我国入汛日期确定办法》《实时雨水情数据库表结构及标识符》修编工作，组织制定《洪水预报方案编制技术规定（试行）》。珠江委印发《关于加强水文情报预报工作实施意见》，广西壮族自治区制定完成《洪水作业预报工作管理办法》，云南省出台《水文情报预报会商管理办法》，广东省出台《水情预报发布管理办法》，湖南省编制《水情预警预报工作细则（试行）》，黑龙江、浙江、广西、宁夏等省（自治区）先后制定出台《水情工作管理办法》，不断规范水文情报预报业务工作开展。

2. 提升水情服务能力

各级水文部门立足超标准洪水防御超前预判，创新水文情报预报模式和水文预报专班机制，强化水库超汛限监管服务，支撑水利行业强监管。水利部水文情报预报中心组织开展常态化水文系统内及相关行业之间的雨水情中长期联合会商，为超前研判、提早部署水旱灾害防御工作赢得先机；推进建立"专班预报、联合会商、滚动订正"的水情预报模式，推广应用"3天预报、3天预测、3天展望"的水情预报模式，实现降雨数值预报成果共享；有针对性发布流域区域雷达暴雨短临预警和强降雨过程预报，支撑山洪灾害和中小河流洪水防御。

水文部门全年配合完成有防汛任务的大中型水库基础信息、防洪特征值信息和汛限水位核定工作，建立完善水库汛限水位维护和超汛限监管工作机制，对有防洪任务的3540座大中型水库实现超汛限实时监管，汛期共完成2850座次超汛限水库监视分析，数据准确率达100%。水利部水文情报预报中心配合完成试点河流生态流量监视预警工作，收集整理了汉江、淮河、黄河等重要断面生态流量预警指标，编制短中期枯水预报方案，开发生态流量监视告警产品。黄委开展黄河流域383座水库汛限水位监管技术支持服务，开发水库超汛限监控软件模块，实现水库超汛限监控管理日常化。

各地利用中长期降雨数值预报成果，开展月、季尺度径流预测，加大汛末蓄水期重要水源地径流预测分析力度，有力支撑水资源利用与保护。珠江委早谋划、早部署，早在 2019 年 7 月就开展珠江枯水期水量调度实施方案编制有关工作，并根据枯水期降雨来水偏枯、咸潮活动偏强等开展滚动预测，及早组织西江骨干水库和珠海当地水库提前蓄水，通过水库调度，上游骨干水库增蓄水量 55 亿 m³，珠海主要供水水库蓄水 3045 万 m³，为 2019—2020 年枯水期粤港澳大湾区供水安全提供了坚实保障。松辽委完成流域跨省江河水量调度径流预测工作，开展尼尔基水库的实时信息服务、中长期来水预报以及汛期精细化洪水预报等工作，开展察尔森水库来水预测服务，为落实最严格水资源管理提供支撑。山西省编制汾河水文服务河长制湖长制工作方案和河湖生态流量保障方案，完成汾河干流 10 处水文站每日生态流量的报送工作；以柏叶口水库和张峰水库为试点，积极推进预报调度一体化工作。

第七部分

水资源监测与评价篇

2020 年，全国水文系统深入贯彻落实"十六字"治水思路，上下一心、真抓实干，建立健全水资源监测体系，不断加强监测和分析评价工作，服务保障能力不断提高，积极拓宽服务领域，为水资源管理配置调度与监督考核、水生态环境保护与修复等提供科学依据。

一、水资源监测与信息服务

1. 生态流量、行政区界、重点区域水资源监测

水文部门围绕生态流量管控、跨省江河水量分配方案实施、水资源配置调度、取用水管理等需求，完善重要江河行政区界和重要控制断面、重要取水口等水资源监测站网和监测设施，组织将相关建设内容纳入《水文现代化建设规划》，进一步加强水资源监测与分析评价工作，为水资源管理与保护提供有力支撑。

为强化重点河湖生态流量监测预警，做好生态流量保障目标实施方案编制、监测与分析评价等方面工作，水利部水文司启动《生态流量监测预警技术指南》编制工作，组织水文部门对水利部确定的第一批 41 个重点河湖 83 处生态流量管控断面开展监测与分析评价，按月编制《全国第一批重点河湖生态流量保障目标控制断面监测信息通报》，积极参与编制《水资源监管信息月报》。太湖局开展了一湖两江（太湖、黄浦江、新安江）等重点河湖生态流量（水位）保障目标实施和自评估工作，完成一湖两江四处主要控制断面全年生态流量（水位）保障程度、生态流量预警情况等分析，编制完成生态流量监测年度实施与

自评估报告。浙江省积极推进小水电站生态流量监控工作，印发《浙江省小水电站生态流量监管平台建设技术指导意见》，编制完成钱塘江、瓯江、甬江等10条河流的生态流量保障目标实施方案。河南省针对沁河地表水过度开发利用、挤占生态用水等问题，组织开展调研，编制完成《沁河控制断面生态流量指标技术复核报告》《河南省沁河流域主要控制断面生态流量应急调度方案》。湖南省对23条主要河流的106处控制断面实施生态流量监控，与电力部门共享所有水工程实时水位和出入库流量数据。四川省对岷江、沱江、嘉陵江等7条主要河流的114处断面按旬开展枯水期水量监测，共监测1488站次，按旬发布89次《主要江河枯水期水量监测专报》。贵州省开展乌江、都柳江流域生态流量监测工作，组织实施乌江流域主要河流生态流量的视频和图像识别监测系统建设。陕西省在宝鸡市全区域实施水生态流量监测，对宝鸡市渭河干支流、嘉陵江干流16条河流水文站点、水工建筑物和取用水情况进行踏勘，根据设计方案开展生态流量监测，更好地服务地方水资源管理。黄委、淮委、珠江委、太湖局及山西、内蒙古、安徽、福建、陕西、甘肃、青海等16家流域管理机构和省（自治区）水文部门还试点开展生态流量预警工作，结合枯水水情预警，共制定520个断面生态流量水位预警指标，对201个重点江河湖库代表性水文站进行实时监视告警。

为切实做好行政区界水资源监测分析工作，水文部门完成了新一批30条跨省江河流域水量分配河流水文监测方案编制工作并通过审查，依托现有站点开展水量监测。水利部水文司印发《2020年度省界和重要控制断面水文监测任务书》，组织各地开展水文水资源监测和分析评价，按月编制《全国省界和重要控制断面水文水资源监测信息通报》，印发《省界断面水资源水量监测技术指南》，加强水资源监测指导。长江委组织开展省界断面相邻省份间的资料互审工作，编制完成《2019年度长江流域省界重要控制断面测站运行情况报告》。淮委落实省界断面水资源监测工作任务，全年测报省界断面水位、流量4000

余次，每月报送淮河流重要跨省湖泊南四湖、高邮湖水量监测成果专报共 12 期；对淮河、洪汝河等 15 条开展水量分配的河流实施水量监测，编制《淮河流域主要跨省河湖重要断面水量监测信息》共 12 期。安徽省按时完成 26 处省界重要控制断面的水文资料收集、分析和系统填报工作，对 200 处市界控制断面水质、水位、流量每月进行一次监测，编制地市界控制断面监测月报，在《安徽省水文现代化规划》中明确县区界水文监测站规划建设任务。江西省组织查勘确定了全省主要河流 167 处县级以上行政区界断面，探索推进行政区界断面监测评价，完成全省水文站和行政区界断面生态流量估算工作，编制《江西省水文站控制断面水资源监测月报》。广西壮族自治区按月开展跨设区市河流交界断面水量监测评价，以及漓江、右江流域上下游横向生态保护补偿水量监测评价等工作，完成编写 12 期《水资源水生态水量信息》。四川省对全省流域面积 1000km² 以上的 32 条重要河流的 108 个市（州）县（区）行政交界断面每月定期开展水量监测，发布《四川省重点河流水量监测专报》4 期。

为持续推动重点区域水资源监测分析工作，水利部印发《西辽河流域水文监测方案（2020 年度）》，松辽委、内蒙古、辽宁、吉林等流域管理机构和省（自治区）水文部门按照方案实施西辽河流域"量水而行"水资源监测和分析评价工作，按月编制《西辽河流域"量水而行"水文水资源监测通报》。水利部水文水资源监测预报中心、海委水文局以及北京、天津、河北省（直辖市）水文部门利用卫星遥感影像数据，对华北地区地下水超采综合治理 22 个补水河湖补水河长和水面面积及清理整治情况等开展遥感解译，按月编制《华北地区地下水超采综合治理卫星遥感解译月报》。

各地水文部门积极开展重点区域水资源监测分析，服务水资源管理与配置调度。松辽委水文局编制完成《西辽河流域水资源分析评价报告（2019 年）》，为西辽河流域水量调度、生态流量保障等提供信息支撑。天津市按照水利部办公厅印发的《2020 年度华北地下水超采综合治理河湖生态补水水文监测方案》，完成 18 处地表水水文测站的资料整编和报送工作以及 221 处地下水监测站的水位和水质监测数据报送工作。内蒙古自治区全力做好"一湖两海"水文监测工作，每月编制"一湖两海"水文监测专报，报送呼伦湖、乌梁素海和岱海的水量及水质变化情况。陕西省对秦岭北麓 16 处重要峪口开展水量水质同步监测，按季度编制发布《秦岭北麓重要峪口水资源监测通报》，编制完成《秦岭重要峪口水量精细化监测能力提升建设工程实施方案》，提高了水量监测精度和工作效率，为秦岭地区水旱灾害防御、水环境保护和水生态修复提供保障。

2. 水资源监测服务

水文部门积极开展水资源监测分析，编制发布有关水资源公报、水资源管理年报等信息成果，为各级政府部门和社会公众提供水文水资源信息服务，在服务水资源管理与调度、水生态文明建设、河长制湖长制工作和最严格水资源管理制度考核等方面取得显著成效，为水利工作和经济社会发展提供了重要支撑。

江西省高质量完成《2019 年江西省水资源公报》，推动实现县级水资源公报编制全覆盖，2020 年全省 39 个县（市、区）均开展了县级水资源月报编制工作。淮委积极为南水北调东线一期工程年度水量调度监督管理提供支撑服务，全年制作调水水量计量专报 110 期，调水月小结 6 期，发送手机短信 3782 条，及时准确地提供南水北调沿线泵站工况，监测断面实时水位、流量、调水量、累计调水量以及南四湖实时水情变化等信息服务。海委和北京市、河北省水文部门加强 2020 年度永定河生态补水监测分析，编制发布永定河生态水量调度水量水质调水信息日报、北京市永定河生态补水影响区域地下水动态分析简报等。

水文部门积极开展水资源监测服务，为水资源管理保护提供科学依据。松辽委积极推进黑龙江江源确定工作，组织开展现场踏勘，编写完成相关技术报告，为黑龙江江源立碑提供重要技术支撑。太湖局细化落实长三角生态绿色一体化发展示范区水文协同监测各项工作，建立了青吴嘉示范区水文协同监测长效机制，编制完成《示范区水资源水生态月报》4 期。青海省继续做好三江源、祁连山、青海湖地区生态保护和建设工程水资源监测评价专项工作，全面梳理木里矿区及祁连山南麓水文水资源监测、评价、论证等项成果，组织开展现场勘察，选定水量、水质监测断面，为生态保护涉水整改工作提供技术支撑。

水文部门持续加强水量水质水生态监测分析，开展河湖健康评估，促进河湖水生态环境治理和保护，支撑河长制湖长制工作，服务水生态文明建设。上海市围绕"一网统管"河长制湖长制工作推进水文监测智能化应用，开展水质评价及预警预判分析研究，提升水文服务能级。江苏省开展河湖健康评估与水资源公报编制，逐月编发第一批重点河湖生态水位月报，分别完成 2018 年、2019 年全省第一批重点河湖生态水位年度评估报告。福建省积极参与河湖健康评估工作，承担水文水资源和水质部分的数据分析，做好各级河长的技术参谋。湖北省对省级党政领导担任河湖长的 18 个河湖的水质水量状况进行逐月分析评价，编制《湖北省省级河湖长责任河湖水质水量月报》，受到省委省政府领导的高度肯定。

水文部门不断健全水资源监控体系，做好取用水监测核算，服务最严格水资源管理制度等项工作。浙江省提供《浙江省水资源资产负债表》《浙江省跨行政区域河流交接断面水量分析》等产品服务，包含用水量、水资源量等关键性考核指标，全年为政府部门、设计单位和社会公众累计提供水文信息及分析成果超过 3000 万条。内蒙古自治区积极开展用水统计调查，编制完成《内蒙古自治区用水统计调查工作实施方案》，完成全区 5000 多个用水基本单位名录库建设和用水统计对象季度用水量填报审核工作。宁夏回族自治区健全用水统计调查体系，制定《宁夏用水统计调查制度实施办法（试行）》《宁夏用水统计调查制度》《宁夏用水统计调查基本单位名录库建设工作方案》，为实现用水统计精确化提供了制度保障。

3. 水资源调查评价和水资源承载能力监测分析

水文部门积极开展第三次全国水资源调查评价工作，形成了有关评价成果。淮委对流域内 1141 个雨量站、152 个蒸发站、155 个径流站的 1956—2016 年系列资料进行分析与评价，通过成果合理性、协调一致性审查，完成淮河流域第三次水资源调查评价成果汇总。黑龙江省承担地表水资源及水总量评价、水资源质量评价、主要污染物入河量评价及水生态调查评价等几个专项的评价任务，并开展了挠力河与兴凯湖两个专题的研究工作，提出成果报告。贵州省完成全省第三次全国水资源调查评价总报告及十九个重点流域评价报告和各项图表成果，完成《贵州省不同类型地区面源污染研究》《贵州省水生态状况监测及应用研究》《贵州省入河污染物衰减指数研究》三个专题研究。西藏自治区全面摸清近年来水资源数量、质量、开发利用、水生态环境的变化情况，系统分析了 61 年（1956—2016 年）来西藏自治区水资源的演变规律和分布特点，为制定水资源战略规划、推进生态文明建设，促进经济社会持续健康发展提供科学基础。

水文部门积极推进水资源承载能力监测分析工作。辽宁省开展水资源承载能力监测预警机制试点，核算现状县域水资源承载负荷，评价现状水资源承载状况，提出了以县级行政区为单元的水资源承载能力评价指标成果，形成《辽宁省水资源承载能力评价报告》。江苏省完成 2018—2019 年全省及各地市水资源承载力分析，分析论证全省 2017—2019 年逐年水资源存量。陕西省编制形成《铜川市水资源承载能力监测方案》初稿，进一步探索黄河流域水资源承载能力监测与评价方法。宁夏回族自治区积极探索地市水资源承载能力评价，完成 5 个地市水资源承载力分析评价工作；率先在全国开展以自治区和县级行政区为单元的水资源承载能力评价工作，推动构建评价指标体系；推进建设水资源承载能力监测预警机制，开展宁夏回族自治区水资源承载能力预警指标体系、制度办法专项研究，发布《宁夏水资源承载能力监测预警管理办法》，全面开展水资源承载能力预警平台搭建工作，推动实现水量、水质、水生态等多要素的动态实时监控和预测预警管理，为有效规范水资源开发秩序，合理控制水资源开发强度，促进水资源配置利用与经济社会发展相协调提供支撑。

4. 泥沙监测与分析评价

水文部门加强泥沙监测和分析评价，积极开展泥沙问题研究、监测技术应用和泥沙公报编制等工作，按时编制完成《中国河流泥沙公报（2019 年）》，并在水利部网站和官方微信公众号公开发布，向各级政府和社会公众提供泥沙监测信息服务。长江委完成三峡工程、金沙江下游梯级水电站及长江杨家脑以下河段水文泥沙原型观测与分析，进一步掌握长江上游大型河道型水库及长江中下游河道冲淤演变规律，积极承担和参与国家重点研发计划、三峡工程泥沙重大问题研究等科研项目，开展流域产输沙、泥沙实时监测与预报、水库泥沙优化调度等多方面研究工作。黄委完成水利部督办项目——水沙在线监测试点任务，编制《黄河水沙在线监测技术示范应用实施方案》，开展相关工作和技术总结，完成示范应用成果报告。海委与北京、天津、河北、河南等省（直辖市）水文部门，对流域内桑干河、永定河、海河、漳河等 8 条重要河流水沙情况进行监测，分析径流量与输沙量的关系以及多年来输沙量的演变规律等，为流域河流泥沙状况研究提供技术支持。湖南省、广东省不断加强河流泥沙监测工作，湖南省 31 处泥沙站中有 22 处站点实现输沙率间测，广东省 34 个泥沙监测站主要开展了悬移质含沙量和悬移质输沙率监测，积累有关水沙资料。

5. 城市水文工作

各地水文部门持续推进城市水文工作，建立健全城市水文监测体系。河北省沧州市作为城市水文试点城市，率先完成城市水文试点建设实施工作，于2020 年通过验收正式运行，建立有雨量站 20 处、路面积水监测点 12 处、坑塘水位监测 11 处，利用城市立交桥设立监控点 6 处，建立了浅层地下水站 23 处。江苏省在扬州市开展城市活水河道闸站流量率定工作，累计进行流量率定的闸站有 14 处；先后利用地方资金和自筹资金等渠道在镇江市城区加密建设雨量站和水位站，已建水文站 10 处、水位站 18 处、雨量站 12 处、地下水站 3 处以及土壤墒情站 1 处，建设 1 处城市径流试验站，开展不同下垫面条件下的城市降雨径流试验。江西省九江市、南昌市等地依托城市水文监测站点，开展暴雨洪水和内涝预报预警，同时主动探索多部门协作配合，建立预警发布平台，得到地方政府高度肯定。山东省济南市持续开展泉域地下水监测、四大名泉泉水流量监测、趵突泉水位中长期预测预报等项工作，完成《济南市四大泉群水量监测报告》，发布《济南市四大泉群动态信息月报》12 期；济宁市积极建设"济宁市城市水文监测系统""济宁城市水文监测预警系统"，实现城市内涝信息及济宁市雨水情信息的实时监测、预报、发布。广东省佛山市水文部门联合气象部门升级优化佛山市中心城区内涝预报预警平台，加强城市内涝监测和预警预报工作，年内共计启动蓝色预警 19 次、黄色预警 9 次、橙色预警 5 次，为佛山市城市建设作出了重要贡献。

二、地下水监测工作

2020 年，国家地下水监测工程通过竣工验收，水利部建设完成 10298 个地下水自动监测站，形成了较为完整、合理的国家级地下水自动监测站网，建成覆盖国家、流域、省、地市四级的国家地下水监测系统。国家地下水监测工程建设竣工，使我国地下水监测事业产生了质的飞跃，在我国地下水领域具有里程碑意义，标志着我国的地下水监测工作迈入国际领先行列。在此基础上，全国水文系统组织开展地下水监测与分析评价工作，针对地下水超采和污染等重点地区，开展专项监测与动态分析，为地下水管理和地下水超采治理等工作提供科学支撑。

1.国家地下水监测工程竣工验收

国家地下水监测工程（水利部分）于 2015 年 9 月开工建设，2020 年 1 月通过竣工验收（图 7-1），总投资约 11 亿元。工程建设和初期运行成效显著：共建设完成 10298 个地下水自动监测站，形成了较为完整、合理的国家级地下水自动监测站网，填补了南方地下水监测站网的空白，北方主要平原区站网密度显著提高。建成了技术领先、功能完善，覆盖国家、流域、省、地市四级的国家地下水监测系统，实现了全国监测数据自动采集传输、接收处理、交换共享、分析评价等全业务流程自动化。形成了完整的工程建设、地下水监测和分析应用等的技术标准体系，在水利系统培养了一批熟悉地下水监测工程设计、建设管理、运行维护等业务，掌握信息技术的复合型人才。国家地下水监测工程取得的地下水监测数据和分析评价成果已在华北地下水超采综合治理、河湖地下水回补试点、南水北调工程生态评价、西辽河流域"量水而行"水文监测分析评价、三江平原地下水压采方案制定等工作中发挥了积极作用，取得了显著的社会效益。

图 7-1　2020 年 1 月国家地下水监测工程竣工验收会现场

2. 开展《地下水监测工程技术规范》修订

随着国家地下水监测工程的实施与竣工验收，在积累大量建设和运行维护经验的基础上，水利部水文司组织对《地下水监测工程技术规范》（GB/T

51040—2014）进行了修订，完成报批稿并通过水利部审查，增加和完善了标准有关内容和技术指标，主要修订内容包括增加与调整站网规划及布设要求，修改自动水位监测的比测误差技术要求，增加水位资料插补与统计方法，增加地下水水质采样设备、信息存储与管理、动态评价、预测预警与信息发布、地下水监测系统运行与维护等内容。通过本次修订，《地下水监测工程技术规范》内容更加完整，技术指标更趋科学合理，技术要求更具可操作性，符合当前地下水监测的主流技术发展。

3. 完成国家地下水监测系统年度运行维护与监测任务

3月，水利部办公厅印发《关于做好2020年国家地下水监测系统运行维护和地下水水质监测工作的通知》，部署国家地下水监测工程建设的地下水站年度运行维护和监测任务。各地水文部门采用招标、竞谈、比选等方式选定国家地下水监测系统运行维护任务单位，履行合同签订。水利部对全国31省（自治区、直辖市）水文部门的国家地下水监测系统运行维护任务进行了中期检查，编制完成12期《地下水信息统计简报》（图7-2），对各省（自治区、直辖市）地下水监测信息报送情况进行通报。通报内容包括实时信息报送情况、实时信息质量情况、基础信息缺失情况、水质监测完成情况等。对检查发现的少数单位水质采样进度慢、到报率低等问题，采取有效措施，积极推进整改。各地水文部门采取有力措施，全力做好地下水监测站运行维护工作，认真完成国家地下水监测系统监测任务，地下水监测信息水利部月均到报率、完整率和交换率均高于95%，保障了地下水监测站设施设备正常运行以及地下水监测数据的连续性和准确性，为掌握地下水水位动态变化提供了基础保障。

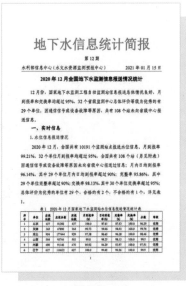

图 7-2
2020年《地下水信息统计简报》

　　各地水文部门不断加强地下水监测站网的运行维护管理工作。山东省出台《山东省地下水水文资料整编管理办法》，深入推进地下水监测站资料整编的日清月结，在国家地下水监测系统运行维护及水质监测中期成果检查中，获得99分的全国最好成绩（图7-3）。河北省依托政府购买服务，组建了133人的运行维护队伍，制定运行维护管理办法，开展运行维护工作，并及时开展地下水监测资料整编，做到日清月结，全年发布《地下水通报》12期。黑龙江省印发《关于加强地下水监测站管理的通知》，制定《黑龙江省地下水监测工作管理办法》，为规范和促进地下水监测工作开展，提供制度保障。河南省组织协调并监督完成平顶山市遭损毁的1个国家地下水监测站重建工作，完成永城市1个遭掩埋的监测站恢复工作，认真完成地下水监测站网年度运行维护工作。广东省积极开展运行维护工作，通过更换备用电池、修复坏损设备、升级通信模块（2G换为4G）、处理信号问题、补发监测数据等方式，保障地下水监测站网稳定运行。广西壮族自治区制定《广西国家地下水监测工程运行维护管理暂行办法》，进一步规范地下水监测站网的运行维护管理工作，取得良好效果。新疆维吾尔自治区发布《2020年度新疆国家地下水监测系统监测站巡检与设备校测操作手册》，开展业务培训，加强人才队伍保障，提升了对地下水监测站

图7-3　山东省国家地下水监测工程地下水站现场运行维护

网的运行维护能力。新疆生产建设兵团组织修复损毁的 7 处地下水监测站，完成地下水监测站的基础信息修正和数据校测等运行维护工作。

4. 推进开展地下水分析评价、预测预警及信息服务

水利部水文司组织海委以及北京、天津、河北等省（直辖市）水文部门，持续开展华北地下水超采综合治理地下水监测工作，通过对地下水超采治理区实施生态补水的 22 条河湖进行地表水水量、水质和地下水水位的动态监测，动态掌握河湖生态补水量、地表水水质和地下水水位变化情况；以京津冀平原区为工作区域，以水位动态变化为主要技术方法，对治理区域的地下水水位、超采面积、漏斗的现状及演变趋势进行分析评价，从时间和空间两个维度进行分析比较，相对准确地刻画出地下水漏斗，基本摸清了京津冀地区地下水超采现状，完成华北地区地下水超采现状和超采评价工作；以北京、天津、河北三个省（直辖市）的 33 个地市级行政区划为预警对象，以地下水水位变幅为主要预警指标，对地下水水位变化进行预警，完成《华北地区地下水超采区地下水水位变化预警简报》试点工作。海委全力推进华北地区地下水超采综合治理信息管理系统工程建设，积极争取并落实项目总投资 693 万元，建设内容包括信息采集、数据中心、支撑平台、业务应用系统、系统集成、移动应用和宣传网页等，系统建成后能够全方位、多角度动态跟踪、评估地下水动态变化，展示华北地区地下水超采综合治理措施进展情况和实施效果，为华北超采区地下水综合治理提供决策支持。

各地积极开展地下水监测服务，形成丰硕的地下水监测分析评价产品成果。北京市建立平原区地下水流数值模拟模型，实现地下水监测信息系统、地理信息系统（GIS）和地下水动态模拟模型的整合集成，开展了永定河生态补水区等相关区域的地下水位预测预报工作（图 7-4）。天津市利用 200 多个地下水站监测成果对各区地下水水位进行考核打分，并将考核结果纳入严格水资源管理制度考核工作，完成《净土保卫战农村污染防治攻坚战周报》《海绵城市地

图 7-4 12 月永定河生态补水现场流量测验

下水动态监测月报》《南水北调、地下水位动态考核年报》等数据汇报工作。山西省编制《山西省地下水动态报告》和《山西省地下水月报》，统计分析山西六大盆地降水量、盆地平原区浅层地下水位变幅、地下水埋深和蓄变量。吉林省编制完成《吉林省重点区域地下水超采治理与保护方案》，对地下水超采区治理，恢复地下水采补平衡，实现地下水资源永续利用具有重要的指导意义。安徽省完成全省地下水超采区确界工作，结合实地核查，对已划定的地下水超采区进一步复核、确界，并依据超采区边界进行精准标绘落图。山东省在《山东省地下水月报》和《山东省平原区地下水通报》的基础上，编制《山东省地下水超采区动态分析》。陕西省持续推动全省地下水超采区治理，根据超采区地下水位变幅较大、波动频繁等工作实际，安排有关市县在地下水超采区布设地下水统测井，监测频次由原来每年监测 3 次调整为 12 次，强化了对超采区地下水位动态监测和分析研究，编制《陕西省地下水超采区监控简报》，为评估地下水超采区治理成效提供基础依据。新疆维吾尔自治区编制完成《新疆维吾尔自治区水安全战略规划地下水资源分析报告》，科学预测地下水资源量及可开采量，为实行严格水资源管理和地下水超采区治理提供了水文技术支撑。

《地下水动态月报》自 2010 年 1 月起在水利部网站进行公布，是社会了解全国地下水情况的重要窗口。为充分利用国家地下水监测工程站点的监测数据，水利部水文司自 2020 年第七期开始对《地下水动态月报》编制内容进行调整，为《地下水动态月报》提供监测数据的地下水站点由 3000 多处人工站调整为 1 万多处自动站，月报涉及的地下水监测面积由 71 万 km² 扩大到 350 万 km²，覆盖我国主要平原区、盆地和岩溶山区，监测要素从单一的地下水埋深增加到地下水埋深、水位、水温、泉流量等多个要素。在各地水文部门共同努力下，《地下水动态月报》改版编制工作顺利完成，改版后《地下水动态月报》展现的监测范围、监测要素、评价指标等均有了大幅增加，可以更好地支撑反映我国地下水动态变化，促进地下水管理保护。

三、旱情监测基础工作

水文部门认真开展墒情站点运行维护和更新改造工作，完善旱情监测预警机制，加强有关旱情监测数据的质量管理，为服务抗旱工作做好水文支撑。内蒙古自治区委托有资质的科研单位，完成墒情站田间持水量指标确定工作，补齐工作短板，结合墒情监测数据，更好地开展墒情分析，为掌握区域旱情状况提供数据支撑。吉林省根据旱情发生发展趋势，及时加密监测和报送频次，利用多源数据监测结果综合评估墒情、旱情，新设旱情调查信息员，定期调查收集下垫面条件，并增加了气象监测要素，为判别旱情状况提供辅助，提高了墒情监测信息的可靠性，提升了旱情分析评价的能力和水平。浙江省开展历史旱情分析工作，完成《浙江省水利旱情预警管理办法（试行）》（征求意见稿），指导全省按照不同取用水情况，分别制定适应地方特点的旱情预警指标，出台相关旱情预警管理办法，建立旱情信息共享和预警统一发布机制，统筹全省旱情评估和预警发布。安徽省干旱期间增加墒情测报频次，组织开展旱情调查走访，发布旱情综合分析报告，为抗旱水源调度提供技术支撑。湖北省借助"十四五"规划编制契机，规划新建一批墒情站点，构建覆盖全省的墒情信息采集、传输、数据存储、查询及预测服务体系，提高墒情信息的自动化监测和智能化应用管理水平。云南省组织开展高原湖泊水资源量趋势预测，提供抗旱形势分析材料，为省政府专题研究抗旱保供水决策提供水文预测预报服务。宁夏回族自治区春旱期间加密墒情监测频次，编制阶段性材料，为各市县抗旱减灾和农业复种抢种提供了第一手资料。山西、辽宁、山东、河南、广东等省水文部门强化旱情信息报送，及时向各级水行政主管部门报送墒情数据，为各地抗旱决策提供科学依据。

第八部分

水质监测与评价篇

2020 年，全国水文系统认真做好水质水生态监测与分析评价工作，持续加强水质水生态监测能力建设，加快发展水质在线自动监测，着力推进监测信息化建设。发挥水量水质结合的优势，为优质水资源、健康水生态、宜居水环境提供基础支撑。

一、水质监测基础工作

1. 水质监测能力建设持续加强

水文部门水质监测基础设施水平进一步提升。河北省投资 3600 万元用于省水质监测中心水质实验室项目建设，完成仪器设备购置和验收工作。山西省继续推进省水环境监测中心实验室改造项目，完成实验楼加固改造装修等工作，投入资金 200 余万元，购置各类监测仪器设备 10 余台（套），包括总有机碳测定仪，低本底 α、β 测定仪，气相分子吸收光谱仪，快速 COD 测定仪等，大幅提升了实验室检测能力。江苏省投资 5997 万元开展徐州市、淮安市、南通市等地市水环境监测分中心实验室达标建设工作，对现有实验楼及仪器设备进行更新或新建；投资 2700 多万元实施宿迁市水环境监测分中心的新楼建设，其余地市水环境监测分中心也通过不同途径，积极争取经费进行设施的更新和购置；投资 1000 万元，对全省各实验室的仪器设备进行增补，购置移动实验车一台及无人机采样系统、车载连续流动分析仪、气相色谱仪等车载设施设备，切实提升应急监测水平。安徽省新建六安市和合肥市水质分中心实验室，完成省水环境监测中心水质实验室改造工作。福建省省水环境监测中心和宁德市、泉州市水环境监测分中心 3 个水质实验室完成异地新建搬迁，全省共新增实验室面积 2100m²。江西省完成 7 个实验室装修改造验收工作，其中新建 4 个、改造扩大 3 个，先后购置多台流动注射分析仪、气质联用仪、液相色谱仪、倒置生物显微镜等大型设备，仪器设备检测能力迈上大台阶。山东省筹措资金 700 多万元，配备间断式化学分析仪，BOD 差压式测定仪，气相色谱质谱联用仪，流动注射分析仪，低本底 α、β 测定仪，紫外测油仪等仪器设备。湖北省投资 452 万元，对宜昌市、襄阳市、荆州市、黄石市等 4 个水环境监测分中心增配实验室仪器设备，包括液相色谱仪、离子色谱仪、全自动紫外分光测油仪等仪器设备。湖南省全力打造集监测、管理、科研、服务一体化的河湖水质监测中心，建设"一流平台"，主要包括建设 1566m² 新基地整体现代化实验室、2000 多万元原值的现代化实验监测设备、112 项不重复五大水体全涵盖的水质监测能力（图 8-1）。广西壮族自治区投资 1525 万元，对柳州市、桂林市和梧州市三个地级市水质实验室基础设施进行更新改造，面积 2249m²，增加等离子发射质谱仪等 14 台大型现代化检测设备。贵州省投入 246.51 万元为 9 个水质实验室新配置水质分析检测仪器设备 19 台（套）。云南省为省水环境监测中心、楚雄市和大理市水环境监测分中心购置一批便携式多参数测定仪、生物毒性测

图 8-1　9 月 23 日水利部水文司林祚顶司长带队到湖南省河湖水质监测中心检查工作

定仪、等离子发射质谱仪、连续流动分析仪等现场监测设备及大型仪器。

水质在线自动监测规模不断加大。北京市水文总站投资 77.6 万元完成八渡水质自动监测站、怀柔水库水质自动监测站设备更新。辽宁省完成沈阳水文站、铁岭水文站和业主沟水文站等 3 处水文站的水质自动监测系统建设。安徽省完成 47 个市界断面水质在线自动监测站建设。完成铜陵市长江水源地、黄栗树水库水源地 2 处水质自动监测站搬迁工作。湖南省顺利完成国家水资源监控能力建设项目二期（2018）第四批项目中国家重要水源地水质自动监测站建设。西藏自治区投入资金 900 万元增设拉萨市、林芝市 2 处水质自动监测站。陕西省完成薛峰水质自动监测站和清姜水质自动监测站建设。宁夏回族自治区利用河长制奖励资金 600 万元在典农河等重点水质监测断面建设 15 处光学法水质自动监测站，购置 9 套水质应急监测设备，填补了宁夏水文部门水质在线监测的空白。新疆维吾尔自治区在额尔齐斯河、伊犁河 2 个流域各建设 1 处水质自动监测站，进一步加强跨界河流水质监测工作。

水质监测信息化建设加快推进。长江委多渠道筹措资金开展水质监测信息化建设，与有关企业单位进行深度合作，定制化开发实验室信息管理系统，实现现场记录、样品交接、原始数据、月报、年报表格的自动输出自动管理，极大提升了水质监测业务工作效率。河北省投资 140 万元建设水质实验室管理系统和水资源分析评价系统。辽宁省先后建设水质实验室信息管理系统、水质信息评价系统，实现省、地市水质实验室一体化的管理模式，提高水质实验室记录的时效性和可靠性。黑龙江省对水质分析系统项目二期进行优化提升，对地市水环境监测分中心水质评价系统进行定制开发，完善水质信息数据库建设，实现国家地表水重点水质站水质评价、水源地水质站水质分析评价和水生态自动评价功能，实现 UI 功能界面、部门管理、用户管理和角色管理等平台权限管理方面的设计，实现水质监测与分析评价数据成果共享。河南省购置了"智能试剂管理系统"，配置水质检测试剂分类、视频追溯、安全信息、统计分析等多项管理功能，提升了水质检测试剂耗材、标准物质，尤其是易制毒、易制爆化学药品管理的精细化水平。建设"水质评价信息管理与展示系统"，重新构建地表水、地下水、入河排污口、饮用水源地等功能模块，建立统计报表展示系统，升级完善水质评价标准、现有水质报告功能，建立地市节点与省级节点的互联互通。湖北省自1月起全面启用水质实验室信息管理系统，进一步规范湖北省实验室运行和管理。广西壮族自治区投入近700万元，开展水质监测信息系统建设，实现污染物入河动态跟踪管理、水资源状况预警预测，实验室自动检测信息汇集、水质监测数据汇审入库等功能。云南省投资343.1万元完成实验室管理信息系统、水质分析评价系统改版以及实验室物资管理系统等整体验收工作。陕西省水质监测与评价信息服务系统在全省投入试运行，"智能采样猫"系统软件在省水环境监测中心投入使用，其他地市水环境监测分中心试运行。

水质监测人员队伍能力建设不断加强。浙江省创新学习培训方式，开展水质监测流程视频录制工作，共完成31个视频录制，举办水质检测技术培训班和水质监测实验室管理培训班，组织对新进人员开展理论、技能和操作培训，开展了流动分析仪等大型仪器操作培训。江西省成功举办第二届水质技能监测竞赛，充分调动人员提升专业技能。河南省为提升检测人员技术能力和水平，先后组织开展"气相色谱分析技术培训班""连续流动分析技术培训班"，共计培训40人次。云南省编制"底栖动物监测及水生态调查"专题培训方案，由河长制办公室在腾冲市举办全球环境基金赠款"生物多样性保护中国水利行动项目"底栖动物监测和水生态调查专题培训，提升了全省水生态监测人员的业务能力，推动河湖水生态监测评价，为美丽河湖建设和评定提供重要技术支撑。宁夏回族自治区举办水质应急监测技术培训班，先后开展水质应急监测2次，水质应急监测队伍水平得到提升。

2. 水质监测服务范围不断拓展

各地水文部门依托全国4455个国家重点水质站、10298处国家地下水监测工程建设的地下水站、97 处地下水水源井和 684 处地下水生产井开展水质监测工作，推进全国重要饮用水水源地水质动态监控，实现全国重要饮用水水源地水质监测全覆盖，加强湖库型水源地富营养化状况评价，积极推进农村供水安全保障水质监督性监测工作。水质监测范围基本覆盖全国重要江河湖泊、行政区界、重要饮用水水源地等主要水体，监测成果能够基本反映我国江河湖库水资源质量状况。江苏省每月对全省 98 个县级以上集中式饮用水水源地开展监测，累计完成水质监测 2352 站次，编制《江苏省城市地表集中式饮用水水源地水文情报》12 期，继续开展长江省界水体监测，强化上下游水体断面水质交接责任制度补偿制度。江西省启动鄱阳湖滨湖区 20 处入湖河流控制站水质水量同步监测，流域面积在 100km² 以上的 12 条主要入湖河流的水资源状况均得到有效监控。湖南省紧跟水利改革发展新需求，调整水质监测站网布设，实现国家重要饮用水水源地名录和《湖南省重要饮用水水源地名录》中水源地及源头水、重要省界、市州界的水质监测 100% 覆盖，全省重要水文站水质监测项目全覆盖，全年共采集全省水环境监测信息近 30 万多条。

水文部门不断加强水生态监测工作。长江委全年开展了 20 个重点水域的水生态试点监测工作，监测指标涵盖浮游植物、浮游动物、着生生物等。珠江委与云南、广东、江西等省水文部门联合开展谷拉河、东江水生态现场监测。太湖局针对太湖蓝藻水华频发和水生植物分布减少等流域突出水生态问题以及流域水生态监测新要求，持续对流域内 60 余处站点定期开展水生态监测工作；在开展人工调查基础上，利用蓝藻远程图像监控系统和卫星遥感照片，结合水文、气象和水生态监测数据，开展太湖蓝藻水华暴发面积的相关预测预报研究。北京市出台《水生生物调查技术规范》（DB11/T 1721—2020）、《水生态健康评价技术规范》（DB11/T 1721—2020）两个地方标准，首次正式公开发布《2019 年北京市水生态监测及健康评价报告》。天津市在国家重要饮用水水源地于桥水库、尔王庄水库开展藻类监测，并对监测成果进行富营养化程度评价。河北省进一步扩大水生态监测范围，增加对杨埕水库的浮游植物数量的动态监测。福建省扩大浮游植物的监测范围，监测站点由 9 处增加到 56 处。江西省大力构建 2 个水生态研究基地，充分发挥科研平台辐射作用，其中鄱阳湖水文生态监测研究基地作为江西省人民政府重点工程，基本建成集监测研究、学术交流、人才培养为一体的大型湖泊水文生态监测研究基地及科学研究平台，成为江西水利科研的名片。山东省济南市水文部门与大连海洋大学合作开展"济南市典型水环境生态质量评估及生态调控技术研究"项目，完成《2020 年小清河济南段水生态质量调研报告》等。广东省启动流溪河水生态监测试点工作，建立流溪河水生态综合监测站，在已开展的监测工作基础上，逐步拓展浮游动物、底栖动物、鱼类及其他水生生物等监测项目，并结合水质、水量监测指标，努力满足全方位的水生态环境评价和保护需求。广西壮族自治区持续开展漓江水源地浮游植物监测，同时增加南宁市大王滩水库、柳州市浮石水库、玉林市苏烟水库和贵港市平龙水库等 4 个重点水库的浮游植物监测。陕西省开展渭河沿线城市以藻类为重点的 12 个断面的水生态监测工作。

各地积极开展服务河长制湖长制水质监测工作。天津市组织开展市级河长制河道监测，布设监测断面 246 处，每月监测 1 次。上海市加强对 1864 条段城乡中小河道及列入国家整治名录河道的水质监测，及时开展分析评价。江苏省针对省级河湖长履职的相应河湖、流域性骨干河道等每月开展水质监测，全年累计监测 9500 余站次，获得水质数据 19 万余条，编发《江苏省省级河湖长履职河湖水质监督性监测年度成果》15 份。江西省编制《江西省 10 ~ 50km² 河流特征调查成果报告》获省水利厅批复，摸清了全省流域面积 10km² 以上河流数量和主要特征值。山东省潍坊市水文局积极开展市级河长制监测断面的水量水质同步监测，在弥河、胶莱河等河流上新增 41 处市级河长制水质监测断面。贵州省结合全省设置的 71 个市（州）界断面开展水质监测工作，编制《贵州省流域面积 300km² 以上河流市（州）界断面水质状况简报》，提供给河长制湖长制办公室，为河长制湖长制管理提供参考。陕西省开展省级河长制湖长制河流水质监测工作，全年共监测水质站点 74 处，按月发布《河长制河流质量通报》，及时向各级主管部门反馈全省主要河流的水质状况。宁夏回族自治区及时编制《宁夏主要水体水质月报》，分类分析评价水体变化情况，每月为"河长通"APP 整理提供 115 处监测断面水质监测数据和评价结果 8000 余条，协助自治区河长办编制印发《宁夏回族自治区全面推行河长制重点任务进展情况通报》9 期。

各地持续推进城镇及农村供水安全保障水质监测工作。河北省开展全省 50 个万人以上农村供水工程的水质监督性监测工作，保障农村饮水安全。浙江省承担全省农村饮用水达标提标行动水质抽检工作（图 8-2），统筹全省 10 个督查暗访组的水质抽检工作，全年共计派出 20 个督察组对丽水、台州、杭州、宁波、绍兴、金华、衢州等 7 个地市的 20 个区县，开展明查暗访和水质抽检工作，共完成督查报告 20 份，水质抽检 400 余份，检测成果近 3000 个，发现问题供水工程 150 余处。福建省根据水利厅统一部署，开展建档立卡贫困人口饮水安全排查复核工作，编制脱贫攻坚供水保障水质检测问题提交单、水质检测问题汇总表等 4 份报表，并对问题存在较多的区县进行现场调查指导。

图 8-2 浙江省农村饮用水达标提标行动水质采样

江西省完成由水利厅及全省水文系统定点扶贫的十余个贫困村的饮水水质检测工作。湖南省全年完成 462 个"千吨万人"农村饮水点的水质监督性监测，编制《全省农村饮水水质监督性检测情况通报》2 期。广西壮族自治区完成钦州市浦北县、来宾市象州县共 182 个农村千人以上饮水工程的水源水质检测工作，完成广西水利厅联系帮扶的 7 个村共 70 个饮水工程水质抽样检测工作，为改善和提升农村供水工程提供水质保障。贵州省超额完成全年两次全省农村供水工程水质抽查监测工作。新疆维吾尔自治区试点推进叶城县农村饮水安全工程水质检测，及时向当地有关部门提供检测报告，为保障农村供水工程水质达标提供技术支撑。

各地结合工作实际开展专项水质监测工作。长江委组织完成"三峡工程水文水资源及泥沙监测子系统"干流水质监测重点站 10 个监测断面的监测工作，及时编制提交月报、季报等相关成果，开展 3 个大气降水试点监测任务，进一步补齐降水监测短板，为支撑海绵城市建设和雨水资源化奠定基础。天津市开展引滦入津、南水北调工程沿线和北水南调补充北大港水库线路水质监测工作。河北省开展引江、引黄、省内调水等大范围生态补水工作，每月开展 17 条生态补水河湖的 37 个水质监测断面的采样、监测、数据汇总评价，编写年度生态补水水质评估报告，开展 4 条引黄线路的水质监测，为补调水安全提供技术支撑。辽宁省开展大伙房水库输水工程和省管水库供水工程水质监测工作，在大伙房水库输水工程和省管水库供水工程的取水口、配水站、分水口、净水厂进水口等共布设水质监测点 33 个，及时掌握重要输供水工程供水水质状况及变化趋势，保障了饮用水水质安全。江苏省在通榆河北延抗旱应急调水及江水北调抗旱应急供水期间，分别针对省辖盐城、连云港两市沿线共 16 个水质站点开展水质监测，编发《通榆河北延送水工程抗旱应急调水水质监测简报》20 期，其监测成果为进一步完善工程建设管理提供基础数据。福建省积极应对 1 月九龙江北溪发生的水质异常事件，向省水利厅相关处室和厅领导先后发送 12 份分析报告，为有效控制北溪水华现象提供技术支撑。河南省对全省 38 个大型灌区的 465 个监测点开展水质监测。广西壮族自治区开展 165 个农业灌溉用水水库的监督性监测，在广西壮族自治区主要领导担任河长的西江、柳江、桂江和郁江四大干流上布设 57 个县级以上行政区界断面，在主要一级支流汇入口上布设 44 个断面，按月实施水质水量监测与评价，及时向广西河长办报送水资源质量信息。云南省完成 83 个牛栏江—滇池补水工程站点专项水质监测工作，编制完成《牛栏江—滇池补水工程水资源监测简报》共 12 期，编制《牛栏江—滇池补水工程水资源质量监测评价报告（2019 年度）》，并将有关成果信息与云南省调水中心等单位共享，为地方经济社会发展做好技术保障服务。

针对持续发生的突发水事件，水文部门快速响应，及时高效开展有关水质应急监测。珠江委积极参与汀江在福建与广东的省界断面水质异常现场调查处置工作，通过实地调查、加密开展省界断面上下游水质现场检测、无人机巡航排查等手段，发现疑似污染风险源，通过污染特征初步分析、异常情况初步排查，得出核查结论，协助珠江委水资源节约保护处提出处置对策和下一步工作安排，为流域水安全监管提供支撑。江苏省开展洪水期间集中式饮用水水源地应急跟踪监测，完成水质应急监测 160 余站次，获得监测数据 800 余条。湖北省恩施市水环境监测分中心针对屯堡乡马者村沙子坝滑坡造成的清江大龙潭水库库区泥沙淤积情况，紧急调用自主水下机器人开展应急监测，连夜对数据进行汇总分析，获得大龙潭水库的三维水下地形图、多种水质参数空间分布图等成果，为保障恩施市居民饮用水安全及时提供了可靠的数据支撑。

二、水质监测管理工作

1. 水质监测质量与安全管理

水文部门持续加强水利系统水质监测质量与安全管理。2020 年"水中高锰酸盐指数的测定"被列为国家级检验检测机构能力验证计划，全国共有 967 家检验检测机构参加该项目的能力验证工作，其中水利系统共 312 家，其他行业和检验检测公司共 655 家，涉及检验检疫、供排水、生态环境、食品检验、疾控、石油、交通、渔业等多个行业。通过本次能力验证工作，不仅促进了水利系统水质监测能力的提升，也扩大了水利系统水质监测工作的权威性、公信力、竞争力和影响力。

长江委积极推进各水质监测中心监测能力扩项认证工作，2020 年，长江口水文水资源勘测局水质监测中心顺利通过资质认定扩项评审，上游水文水资源勘测局水质监测中心顺利通过国家市场监督管理总局组织的"飞行检查"。太湖流域水文水资源监测中心制定《水质监测数据质量管理办法》，并采用飞检模式组织开展专项自查，梳理现有问题，及时整改到位，全年开展 50 余次针对新上岗人员和易出错环节的监督检查，确保水质检测过程规范。河北省采取"飞检"和"互审"相结合的方式，对省水质监测中心及 10 个水质监测分中心进行内部审核工作。内蒙古自治区组织开展《内蒙古自治区突发水污染应急监测预案》修订工作。上海市完成水质资料整汇编管理办法、地表水水质自动监测运行管理办法修编。浙江省印发《浙江省水文管理中心关于开展〈水质监测安全管理制度〉修订工作的通知》和《关于加强危化品储存使用等安全防范的通知》，2020 年全省 10 家单位完成水质监测安全制度修订工作。山东省持续开展水质监督性监测工作，采取省水文局会同地市水文局联合采样、分样分析、监测结果互相通报的方式，对重点水质站以及河长制湖长制水质监测断面开展监督性监测。湖北省组织全省 15 个水环境监测分中心共 99 名检测人员进行上岗考核，包括盲样考核和操作演示，确保水质检测人员的业务能力满足工作需要。湖南省先后印发《关于做好 2020 年全省水质监测大型仪器设备检验 / 校准工作的通知》《关于进一步加强全省水环境监测实验室安全管理工作的通知》，组织对省水环境监测中心实验室进行质量管理交叉内审，强化实验室安全管理红线意识，确保安全运行。广东省组织开展全省水环境监测分中心质量监督检查和上岗考核工作，并参加了珠江委组织的质量管理制度检查、上岗考核、实验室比对及能力验证工作。广西壮族自治区对各直属单位水质采样和检测环节进行监督，开展了 2 期微生物项目监督工作，持续开展挥发酚、氰化物等 4 个项目的新方法认证，完成了粪大肠菌群的新方法认证。海南省组织开展水质实验室安全生产、危险化学品及重点风险源的排查工作，摸排隐患，认真整改，完善危险化学品管理工作，严格落实安全生产责任。云南省制定印发《云南省水环境监测中心（网点）监测数据质量管理制度》，从制度上进一步确保水质监测数据的真实、准确、可靠。新疆维吾尔自治区制定完善《安全作业和环境保护程序》《安全管理实施细则》《突发事件应急预案》《实验室安全综合应急预案》《中心试验室安全现场处置措施》等内控制度。

2. 水质监测评价新技术新方法应用

水文部门积极推进水质监测评价新技术新方法的应用。长江委积极推进构建流域天空地全覆盖监测体系，组织在三峡水库库区开展遥感－无人机－水质自动监测站－人工监测等全方位监测技术体系的监测精度比对工作，促进新技术的推广应用，也为流域水文－水质－水生态监测综合系统构建奠定了基础。珠江委创新性地开展流域饮用水水源监督性监测，初步建成"遥感宏观判别－无人机巡航排查－人工定点监测"的多手段联合监督性监测技术体系。北京市首次完成全市有水河长、有水水面的遥感监测，在水生态监测基础上，基于高分辨率光学卫星影像数据，利用遥感监测手段对全市 425 条河流的有水河段长度和 425 条河流、41 个湖泊、88 个水库的有水水面面积进行动态监测，为河湖生态补水、水资源配置调度、生态补偿机制建设等提供基础数据和判定依据。

三、水质监测评价成果

水文部门积极开展水质监测评价成果应用与共享工作，为各级政府及相关部门提供技术支撑和决策依据。在各级水文部门的共同努力下，水利部水文司组织编制完成《全国地下水水质状况分析评价研究报告》和《2019 中国地表水资源质量年报》。北京市首次公开发布《2019 年北京市水生态监测及健康评价报告》，以水质水生态监测数据为基础，全年编制《水质月报》《黑臭水体监测月报》《全市考核断面达标情况简报》《地下水质量年度报告》《水生态监测评价报告》等各类报告 200 余份。天津市发布各类水质简报共 323 期，并依据技术规范开展 2019 年天津市一级和二级河道的水质资料整编工作。河北省完成 "衡水湖健康评价体系建设研究" 课题，获得河北省水利学会科学技术进步二等奖，完成 "永定河治理与生态修复实施效果评估工作" "引江补汉项目" "南水北调东线输水廊道水资源监测信息共享" 等项目。辽宁省编制《重要水质站水质通报》和《主要供水水库及重要输（供）水工程水质通报》，为水资源管理和重要饮用水水源地保护提供重要支撑。黑龙江省全年编制《全省重点水域水质状况通报》共 12 期。上海市全年编制《河湖水质状况月报》（图 8-3）、《苏四期支流河道水质状况报告》等共 29 期，为有关部门找准目标、落实责任，完成消劣任务提供及时可靠的数据支撑。安徽省编制《市界断面水质监测月报》《安徽省水资源质量年报》，助力河长制管理。江西省编制《2019 年度江西 1km² 以上湖泊水生态监测报告》《2019 年度鄱阳湖水生态状况蓝皮书》等系列成果报告，为河湖治理保护提供决策支持，也为治理或保护成效提供了评估依据。山东省编制完成《2019 年度山东省水生态环境质量监测年报》，内容涵盖各类水文监测成果，重点突出水生态环境有关工作成果，进一步提升了水文监测成果的综合效益。湖南省承担省、市两级水资源简报、公报、质量通报和《农村饮水水质检测情况通报》编制工作，全年完成各种公报、通报、简报、快报共 280 余期。广西壮族自治区编制完成《广西水资源监测信息月报》《广西跨设区市界河流交接断面水质月报》和《2019 年度广西壮族自治区水资源质量年报》等各类报告（报表）25 份，对自治区 85 条主要河流、206 座水库、1 个湖泊以及 7 个水生态监测点的水质监测信息分析评价，申报了广西壮族自治

图8-3 上海市水质监测评价成果——《上海市河湖水质状况月报》

区科研专项"广西基于暴雨洪水的流域面源污染与河库水质安全影响研究"。重庆市编制《重庆市水资源质量月报》《重庆市河长制水质月报》《重庆市农村供水水质月报》，为各级政府部门决策以及河长制工作提供科学依据。陕西省按季度编制《陕西省重点河段水资源质量通报》《秦岭北麓重要峪口水资源监测通报》，按月编制《陕西省省级河长制湖长制河流水资源质量通报》，及时发布陕西省主要江河湖库水体水质，为水资源保护和河湖长制提供信息支撑。

各地水文部门积极推进有关水质监测信息共享工作。天津市构建水环境监测会商机制，在市级层面，水文部门每月与天津市生态环境局就国家水质断面考核进行定期会商；在局级层面，由水环境管理相关成员单位组成水质会商组，每月对水源地、国家地表水考核断面等相关情况进行会商，为上级主管部门决策提供技术支撑。云南省水文部门积极推进与生态环境部门的资料共享工作，双方已建立水质监测成果的交换共享机制，每月进行监测成果的互换，实现了资源共享。西藏自治区阿里地区水文部门与辽宁省水文部门合作实施"阿里地区典型县农村饮用水质调查"项目，共同开展水质调查及监测工作，利用水质监测数据编制《阿里地区典型县农村饮用水质调查评价报告》。

第九部分

科技教育篇

2020 年，全国水文系统不断加强水文科技和教育培训工作，水文科技水平和人才队伍整体素质稳步提高，水文科技管理工作得到加强，各地水文部门积极开展重大课题研究和关键技术攻关，承担了一系列水文科技项目，取得了丰硕的科研成果。各地强化水文人才队伍建设，举办各类水文管理和业务技能培训班，增强了水文职工行业管理和业务工作能力。

一、水文科技发展

1. 全国水文科技项目与成果丰硕

按照水利部关于《水利重大科技问题研究工作实施方案》，水利部水文司组织开展"水文支撑解决四大水问题战略研究"重大课题研究。南京水利科学研究院牵头承担课题研究工作，长江委水文局、水利部发展研究中心、中国水利水电科学研究院和水利部南京水利水文自动化研究所分别承担了"提升水文水资源预测预警能力战略重点研究""完善水文对策机制战略重点研究""水质监测与预警战略研究"和"水文测报自动化战略重点研究"等四个专题的研究工作。3 月，南京水利科学研究院牵头完成水文支撑解决四大水问题战略研究中 13 个概念和 6 项标准的成果清单梳理和上报工作。5 月，各课题单位进一步开展项目研究和成果梳理，修改完善项目研究的概念和标准。7 月，南京水利科学研究院等单位按要求提交梳理出的成果清单，提出了水文围绕支撑解决四大水问题的总体布局，推进水文体制机制改革、加快水文现代化建设步伐、加大水文发展保障力度等多项对策，以及水文站网评估调整行动、水文监测自动化战略、水文预报模型工程等多种手段，编写项目成果报告。12 月，开展专家咨询，完成研究成果报告。通过开展水文支撑解决四大水问题战略研究工作，全面总结了我国水文发展历程与现状，以及国外水文发展可借鉴的经验，细致分析了新时代水文工作面临的形势和任务，系统梳理了新时代水文发展的需求和水文工作存在的主要短板弱项，提出了水文支撑解决四大水问题的总体思路和目标，提出了水文支撑解决四大水问题的战略布局、战略对策和战略行动，为水文事业发展提供了决策参考。

各地水文部门结合业务工作需要积极开展水文科技研究，全年承担科技部、水利部以及各省（自治区、直辖市）年度立项在研项目共计 151 项，年度新立项科技项目 42 项。全年共有 18 个科技项目荣获省部级及以上科技进步奖，其中，获得省（部）级特等奖 2 项、一等奖 1 项、二等奖 7 项，三等奖 8 项。有关获奖情况详见表 9-1。

表 9-1　2020 年获省（部）级荣誉科技项目表

序号	项目名称	承担或参与的单位	获奖名称	等级	授奖单位
1	高危堰塞湖应急处置关键技术与实践	长江水利委员会水文局	大禹水利科技进步奖	特等奖	中国水利学会
2	流域水环境水生态精准调控云计算关键技术及其应用	长江水利委员会水文局	中国大坝工程学会科技进步奖	特等奖	中国大坝工程学会
3	鄱阳湖科学考察	江西省水文监测中心	江西省科学技术进步奖	一等奖	江西省人民政府
4	近岸风暴潮浪集合预报与动态预警关键技术研究及应用	江苏省水文水资源勘测局	大禹水利科学技术奖	二等奖	中国水利学会
5	沂沭泗河湖综合调度关键技术与实践	淮河水利委员会水文局	大禹水利科学技术奖	二等奖	中国水利学会
6	变化环境下三峡水库库尾泥沙运动规律及整治关键技术研究与应用	长江水利委员会水文局	水力发电科学技术奖	二等奖	中国水力发电工程学会

续表

序号	项目名称	承担或参与的单位	获奖名称	等级	授奖单位
7	土壤墒情自动监测应用技术研究	吉林省水文水资源局	吉林省科学技术奖	二等奖	吉林省人民政府
8	现代水文在线监测及全要素信息化集成技术	长江水利委员会水文局	湖北省科学技术进步奖	二等奖	湖北省人民政府
9	高等级航道智能监测与服务关键技术及应用	长江水利委员会水文局	湖北省科学技术进步奖	二等奖	湖北省人民政府
10	海南村镇小流域山洪灾害防御关键技术	海南省水文水资源勘测局	海南省科学技术进步奖	二等奖	海南省人民政府
11	黄河口及邻近海域生态系统管理关键技术研究与应用	黄河水利委员会水文局	大禹水利科学技术奖	三等奖	中国水利学会
12	辽宁省中长期水文预测方法研究与应用	辽宁省河库管理服务中心（辽宁省水文局）	辽宁省科学技术奖	三等奖	辽宁省人民政府
13	淮河洪水概率预报关键技术	淮河水利委员会水文局	安徽省科学技术进步奖	三等奖	安徽省人民政府
14	鄱阳湖流域水生态文明评价体系与建设模式	江西省水文监测中心	江西省科学技术发明奖	三等奖	江西省人民政府
15	基于新安江模型的淮河上游土地利用变化的水土流失效应模拟应用	河南省水文水资源局	河南省科学技术进步奖	三等奖	河南省人民政府
16	河南省水库型饮用水水源地水质风险评估及保障体系	黄河水利委员会水文局河南省水文水资源局	河南省科学技术进步奖	三等奖	河南省人民政府
17	庄浪河流域水资源承载能力及水资源价值研究	云南省水文水资源局	甘肃省科学技术进步奖	三等奖	甘肃省人民政府
18	黄河洪水集合预报模型系统研发及其应用	甘肃省水文水资源局	黄河水利委员会科学技术进步奖	一等奖	黄河水利委员会
19	黄河干流径流演变规律与水文水资源完整性评价	黄河水利委员会水文局	黄河水利委员会科学技术进步奖	二等奖	黄河水利委员会
20	小浪底库区无人机航测数据处理技术的研究及应用	黄河水利委员会水文局	黄河水利委员会科学技术进步奖	二等奖	黄河水利委员会

2. 水质水生态科技项目及其成果丰硕

2020年，水文部门在水质水生态研究方面取得丰硕成果。长江委水文局"基于河湖长制管理的洞庭湖水生态环境调查研究"获长江委青年科技进步一等奖；"一种翻斗式助力曝气生态修复系统"获国家发明专利；"洞庭湖水热情势演变特征及区域水生态响应机制研究"获湖南省水利科学基金资助；完成水利部先进实用技术重点推广目录《用于大批量检测水中氨氮的酶标仪微量比色法》申报工作；顺利完成汉江中下游流域二维水质模型的构建，相关成果已经通过初步验收。江苏省针对太湖湖泛日常人工巡查、巡测工作中的业务需求，利用微服务、APP、大数据、AI等新技术，集中开发太湖湖泛巡查、水文巡测和蓝藻监测预警平台，并综合运用互联网数字光纤、Ku波段卫星、北斗卫星等数据通信方式，对环太湖的28个水质自动监测站和巡查监测船进行通信传输改造，确保各类数据及时传输，实现太湖湖体水质及入湖污染物通量变化状况的实时分析研究。

3.《水文》杂志

水利部水文水资源监测预报中心持续加强对《水文》杂志的编辑出版工作，全年共完成6期《水文》杂志正刊的审稿、编辑、校对、出版及发行等工作，共收稿和审查编辑论文540篇，经审查录用发表论文92篇，总发行12600册。同时，经由"《中文核心期刊要目总览》2020年版编委会"和"中国科学技术信息研究所"评选，《水文》杂志再次入编《中文核心期刊要目总览》，被收录《中国科技核心期刊》。

2020年，《水文》杂志坚持办刊宗旨、突出杂志主题，围绕变化环境下的水文规律研究、水生态保护修复、水文监测预报等当前学科研究的重点领域积极组稿，通过深入研究探讨水文领域热点课题，为解决水文行业关键问题提供科学理论和技术支撑。《水文》编辑部进一步加强期刊管理，建立录用论文网络首发机制，在水利部信息中心微信公众号"水利信息化和水文监测预报"微发布栏目设置"水文杂志"子栏目，定期发布电子书刊，并同步到水利部信息中心网站，在《水文》投稿网站展示最新出版论文等，通过系列创新举措，积极推动传统媒体与新兴媒体融合发展，稳步提升办刊信息化水平，有效增强了期刊的影响力。

二、水文标准化建设

按照水利部的统一部署，水利部水文司组织梳理水文行业标准，废止老化过时、操作性不强的技术标准，优化合并过多、过细、过散且内容单一的技术标准，结合现代化技术手段和服务对象需求变化，提出了有关新标准的制定计划。12月，水文司会同国科司召开水文相关标准的用户座谈会，进一步听取对新修编的《水利技术标准体系表》的意见和建议。经修改完善，《水利技术标准体系表》中水文司作为第一主持单位的技术标准共有76项，作为第二主持单位的技术标准有5项，负责的水利行业计量检定规程有13项。

2020年，水利部组织完成2020年财政经费标准制修订项目《水文资料整编规范》《水文年鉴汇编刊印规范》《冰封期冰体采样与前处理规程》等3项标准制修订工作，此外，在编标准《声学多普勒流量测验规范》（送审稿）通过水利部审查，《水文基础设施建设及技术装备标准》修编完成并报批。目前，水文部门在研技术标准共9项，均按照有关技术标准制修订计划，正在有序开展修编工作。

三、水文人才队伍建设

1. 加强水文专业人才教育培训

全国水文系统以"十六字"治水思路为指导，以提升水文人才队伍整体水平、做好水文支撑为目标，坚持以岗位需求为导向，将专业技术知识、业务理论、干部文化素养和党性教育等作为年度培训重点内容，努力克服疫情影响，积极探索和创新业务培训模式和培训方式方法，缩减线下集中办班数量，充分利用互联网及视频会议终端，采取线上方式或线上线下相结合方式，在提升培训效果、扩大培训范围等方面取得良好成效。全年省级及以上部门举办的培训班共计 170 个，培训 1.05 万人次，提升了水文人才队伍水平，收到了良好的效果。

为加快推进水文现代化，提升全国水文系统干部职工业务水平和管理能力，按照 2020 年培训计划，水利部举办"水文管理能力培训班"，面向各流域管理机构、各省（自治区、直辖市）水文部门分管技术工作负责人，各有关单位部门负责人进行能力培训，培训学员 45 名，培训内容包括水文支撑解决四大水问题战略研究、水文现代化建设规划、水文测报新技术应用、生态流量监测分析技术与方法、水生态系统监测技术及方法等，受到学员的广泛好评，对于水文部门加快转变工作思路，贯彻现代化发展理念，更好支撑水利工作和经济社会发展具有重要意义。

水利部修订完成《水利部水文首席预报员选拔管理办法》，完成长江委、黄委两个流域试点单位水文首席预报员评选工作，选聘了 4 名水利部水文首席预报员，进一步落实高级人才优先发展战略。各地相继开展不同形式的人才队伍建设，长江委、太湖局、江苏、上海、福建、江西、广东、广西、陕西等 9 个流域管理机构和省（自治区、直辖市）制定首席预报员管理办法，选聘了一批水文首席预报员。河北、浙江、安徽、江西、湖南、宁夏等省（自治区）开展形式多样的水文预报技术竞赛和水情业务培训工作。

各地水文部门结合自身实际，因地制宜开展内容丰富的教育培训活动，对提升水文队伍的整体能力水平起到了良好推动作用。黄委克服疫情影响，先后举办了应急监测演练培训班、青年干部能力提升培训班、优秀科技人才能力提升培训班、水文监测新技术应用培训班、水文测验质量管理培训班（援疆援藏）、水质监测技术培训班（援疆援藏）等 10 个培训班，培训职工 417 人次。吉林省举办全省水文系统"习近平总书记视察吉林重要讲话"及"党的十九届四中全会精神"培训班，教育引领水文系统广大干部学习领会、准确把握习近平总书记视察吉林重要讲话重要指示精神及党的十九届四中全会精神。山东省全年举办 12 期水文大讲堂，采取视频会议的方式，实现省、市、县三级同步参训，做到全省水文干部职工培训全覆盖，举办县级水文中心主任综合素质、水文资料整编、水文情报预报讲座等各类短期培训班 7 期，累计培训职工 1336 人次。海南省在全省水文系统举办水文勘测理论知识和技能提升及安全生产培训班、水文现代化专题讲座培训班。宁夏回族自治区采取脱产学习、岗位实习、小班教学等方式，注重理论讲解和实际操作演练相结合，加强干部职工教育培训，全年承办、协办各类培训班 8 期，培训学员 800 余人次，职工队伍综合素质持续提升。

2. 多渠道培养水文技能人才

各地水文部门高度重视水文技能人才培养，开展形式多样的技能培训、竞赛等工作，培育业务一流的水文技能人才队伍。北京市组织了第二届"北京大工匠"选树活动——水文勘测工大工匠挑战赛。河北省以赛促学促练成效明显，继续开展"大练兵、大比武"活动，在石家庄市成功举办 2020 年河北省水文应急监测技能竞赛（图 9-1），竞赛活动由河北省总工会牵头并列入其年度计划，

图 9-1　6 月 14 日，石家庄市举行河北省水文应急监测技能竞赛开幕式

获经费支持 26 万余元。黑龙江开展超标准洪水水文监测应急演练，5 支应急监测机动队进行联动，突出实战，锻炼队伍，演练效果超出预期。2020 年上海、江苏、安徽、福建、江西等省（直辖市）都分别举办了全省水文勘测技能竞赛，通过竞赛激发基层技能人员钻研业务的热情，培养了一批理论扎实、技术过硬的技能人才。

水文部门注重人才管理和激励机制建设。江苏省研究起草省水文系统人才队伍建设指导意见，制定出台《中、高级专业技术职称申报及职务聘任管理办法（试行）》《技师、高级技师聘用管理办法（试行）》，加强岗位聘用的科学化、规范化管理。浙江省进一步完善人才奖励政策，对有突出贡献的人才实行奖励补贴、安排补助资金，提高相应待遇等。江西省创新建立"两个首席"制度，出台《江西省水文局首席预报员管理实施办法（试行）》和《江西省水文局首席水质检测评价员管理实施办法（试行）》，评选确定首批首席预报员 10 名、首席水质检测评价员 8 名。广西壮族自治区高度重视水文人才队伍建设，制定出台《关于切实加强和改进全区水文干部人才队伍建设工作的实施意见》，建立后备干部培养工作机制和人才储备制度，实行动态考核制度，跟踪考察，建立后备干部资料建档入库工作制度。

3. 稳定发展水文队伍

2020 年调查结果显示，全国水文系统在职职工中，本科及以上学历和中高级职称以上人员呈历史新高，水文队伍结构更趋合理，水文发展整体向好，广大职工呈现积极向上的精神状态。调查结果显示，水文队伍在岗位职称、学历结构、年龄结构等方面与水利系统整体水平相当，专业人员与学历水平高于水利系统平均水平。其中，岗位职称上，水文专业技术人员中高级职称比例为 29%；学历结构上，水文队伍中硕士及以上人员占比 8.5%，本科占59.5%；年龄结构上，水文队伍在各年龄段分布相对均匀，其中 35 岁以下职工占比达 33%。

截至 2020 年年底，全国水文系统共有从业人员 71069 人，其中：在职人员 25416 人，委托观测员 45653 人。此外，现有离退休职工 17801 人，较上一年增加 336 人。

在职人员中：管理人员 2666 人，占 10%；专业技术人员 18995 人，占 75%；工勤技能人员 3755 人，占 15%（图 9-2）。其中专业技术人员中，具有高级及以上职称的 5720 人，占 30%；具有中级职称的 6757 人，占 36%；中级以下职称的 6518 人，占 34%（图 9-3）。在职人员中，专业技术人员数量与占比均有增加，同时专业技术人员中具有中高级职称以上人员也有所增加。

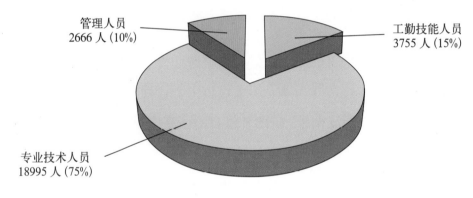

图 9-2 水文部门在职人员结构

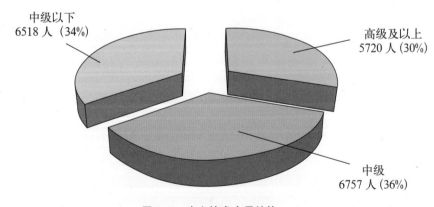

图 9-3 水文技术人员结构

　　"十三五"期间，水文在职职工人数基本保持稳定。与"十二五"末相比，在职人员总数减少 411 人，离退休职工增加 2103 人。在职人员中，专业技术人员增加 1854 人，水文队伍结构更趋合理，与水文服务领域不断拓展、高科技技能人才需求不断增长的水文业务基本相匹配。

附 录

2020 年度全国水文行业十件大事

1. 习近平总书记向水文职工了解南水北调东线源头水质情况。

2020 年 11 月 13 日，习近平总书记在江苏扬州考察调研，了解南水北调东线工程规划建设和江都水利枢纽建设运行等情况，要求把实施南水北调工程同北方地区节约用水统筹起来，坚持调水、节水两手都要硬，要求依托大型水利枢纽设施和江都水利枢纽展览馆，积极开展国情和水情教育。江苏省水文局副局长马倩作为工作人员向习近平总书记现场展示刚刚提取的水样，并报告南水北调东线源头水水质状况及变化趋势。

2. 我国向湄公河国家及湄委会提供澜沧江全年水文信息。

2020 年 8 月 24 日，李克强总理在澜沧江—湄公河合作第三次领导人会议上提出"中方将从今年开始，与湄公河国家分享澜沧江全年水文信息"。2020 年 11 月 1 日，云南省水文水资源局将澜沧江允景洪、曼安水文站的非汛期 36 组水文信息发往湄公河五国（柬埔寨、老挝、缅甸、泰国、越南）和湄公河委员会秘书处，标志着我国从过去向湄公河五国和湄公河委员会秘书处提供澜沧江汛期（6 月 1 日至 10 月 31 日）水文信息转为提供全年水文信息。

3. 水文测报有力支撑应对 1998 年以来最严重汛情。

2020 年，我国发生了 1998 年以来最严重的汛情，长江、太湖发生流域性大洪水，淮河、松花江发生流域性较大洪水，大江大河共发生 21 次编号洪水。全国水文系统认真贯彻党中央国务院领导指示批示精神和水利部党组工作部署要求，克服新冠肺炎疫情影响，多措并举，扎实做好汛前准备，精心组织，密切监视水雨情，汛期抢测洪水 13559 场次，发布洪水作业预报 48.2 万站次，发送水情预警短信 8463 万条，有力支撑了防汛抗旱减灾科学指挥决策，保障了人民群众生命财产安全。广西水文构建"预测—预警—预报"渐进式的水情工作新机制，将水情服务延伸到了县、乡、村党政主要领导和防汛责任人，有效破解长期以来水文服务不接地气的"最后一公里"问题。

4.《水文现代化建设规划》通过水利部审查。

水利部水文司在总结"十三五"以来全国水文建设经验、开展广泛调查研究、科学深入分析、充分征求意见的基础上，组织编制完成《水文现代化建设规划》，确定了未来 5～15 年水文现代化建设和发展的指导思想、基本原则、目标、主要任务和重点项目。2020 年 12 月 22 日，《水文现代化建设规划》通过水利部审查，履行审批程序后，将作为"十四五"及今后一段时期全国水文现代化发展和基础设施建设的重要依据。

5. 国家地下水监测工程通过竣工验收，水文测站和水文监测中心提档升级取得新成效。

国家地下水监测工程建设启动于 2015 年 6 月，总投资达 22 亿元，共建设 20469 个监测站点，由水利部和自然资源部共同实施。水利部建设完成 10298 个地下水自动监测站，形成了较为完整、合理的国家级地下水自动监测站网，建成了覆盖国家、流域、省、地市四级的国家地下水监测系统，提高了地下水监测信息采集、传输处理的时效性和准确性，2020 年 1 月，工程通过水利部组织的竣工验收。水利部印发《水文测报新技术装备推广目录》，指导各地加快应用配备水文测报先进技术手段和仪器设备。全国 20 个水文部门完成 264 个水文测站和 65 个水文监测中心提档升级任务，更新配置各类先进仪器设备 1345 台（套）并投入试运行，投资 2.01 亿元；福建水文着力打造了一批独具人文景观、生态气息、现代化要素的水文测站，实现 80% 以上测站使用现代化设备开展流量施测，50% 国家基本水文站实现流量自动在线监测。

6. 水文支撑水资源管理和水生态修复取得显著成效。

水利部水文司组织开展华北地下水超采区生态补水和西辽河流域"量水而行"专项水文监测分析，应用卫星遥感技术开展华北地下水超采综合治理生态补水的河流有水河长、水面面积和河湖清理整治情况解译；全面开展地表水国家重点水质站监测和重点河湖生态流量（水位）监测，首次组织开展 53 条河湖水生态水环境监测试点，拓展底栖动物、鱼类等水生生物监测，圆满完成试点任务。北京市首次向社会发布《2019 年北京市水生态监测及健康评价报告》，完成全市水域有水河长和有水面积监测，编制发布《水生生物调查技术规范》和《水生态健康评价技术规范》，开展水生态指示性物种筛查和永定河水生态修复监测评价。天津、重庆、浙江等省（直辖市）推进农村供水安全保障水质监督性监测。安徽省积极开展生态流量监测评价工作，对颍河、涡河、淮干、巢湖等 8 条河流 22 个控制断面进行生态流量监测和预警。内蒙古、陕西水文部门开展"一湖两海"、秦岭北麓重要峪口等重点区域水量水质同步监测分析。

7. 水文机构改革取得新进展。

四川省级水文机构明确为副厅级单位建制，同时先后新设立了 11 个市（州）水文机构，资阳、攀枝花、自贡 3 个新设市（州）水文机构挂牌运行，实现全省 21 个市（州）水文机构全覆盖。江西省政府领导分工中将水文单列，凸显水文工作重要性。山东建成了"省市县乡村"五位一体的水文管理服务体系，基层水文监测及日常管理均由县级水文中心统筹组织，打通了水文管理服务"最后一公里"。长江水利委员会成立长江流域水质监测中心，进一步完善流域综合监测站网、强化水质监测职能。湖南省水质监测中心加挂农村饮水安全水质监测中心牌子，强化农村饮水安全水质监测工作，水文机构和队伍建设取得新进展。

8. 水文法规建设取得新突破。

为充分发挥水文服务国民经济和社会发展的作用，水利部制定了《水文监测资料汇交管理办法》，并于 10 月 22 日以水利部令第 51 号公布，自 2020 年 12 月 1 日起施行。8 月 13 日，十一届西藏自治区人民政府第 53 次常务会议审议通过《西藏自治区水文管理办法》，以自治区人民政府令第 157 号颁布，自 2020 年 10 月 1 日起施行，对规范西藏水文工作，促进水文事业健康有序发展具有重要的推动和保障作用。

9. "京杭大运河百年水文联盟"成立。

为深入贯彻习近平总书记治水重要论述精神和大运河文化保护传承利用的重要批示指示，展示"把脉江河、担当作为"时代水文风采，适逢杭州拱宸桥水文站建站百年之际，2020 年 11 月 29 日，浙江省水文管理中心、杭州市林水局联合运河沿线北京、天津、河北、山东、江苏等 6 省（直辖市）水文部门，共同发起创建"京杭大运河百年水文联盟"活动，现场发布了《京杭大运河百年水文联盟杭州宣言》，联盟坚持以共同保护、共同传承、共同利用为宗旨，建立共识共保机制，弘扬新时代水文精神，努力使百年水文站成为展示大运河文化带建设的重要窗口。

10. 水文精神文明和文化建设再创佳绩。

黄河水利委员会水文局（机关）、黄河水利委员会中游水文水资源局、北京市水文总站、河北省水文勘测研究中心、福建省水文水资源勘测中心、山东省水文局、四川省水文水资源勘测局被中央文明委授予第六届"全国文明单位"荣誉称号；长江委中游水文局罗兴同志荣获"全国先进工作者"荣誉称号。人民日报、新华网及央视等主流媒体多次报道防汛水文测报工作；"绿水青山　巡河有我"第四届巡河志愿活动在山东海阳成功举办；重庆水文登上央视《新闻联播》和《新闻直播间》栏目；湘江流域水文文化展示馆、湖南水文文化展示厅、湘江流域水文化走廊先后开放；陕西水文博物馆 2020 年被中国水利博物馆联盟评为首届"十佳精品展陈"。